城市地下混凝土结构耐久性检测及寿命评估

唐孟雄　陈晓斌　编著

中国建筑工业出版社

图书在版编目(CIP)数据

城市地下混凝土结构耐久性检测及寿命评估/唐孟雄,陈晓斌
编著. —北京:中国建筑工业出版社,2012.4
ISBN 978-7-112-14127-2

Ⅰ.①城… Ⅱ.①唐…②陈… Ⅲ.①城市建设—地下建筑物—
混凝土结构—耐用性—研究 Ⅳ.①TU9

中国版本图书馆 CIP 数据核字(2012)第 041981 号

《城市地下混凝土结构耐久性检测及寿命评估》一书是广州市建筑科学研究院有限公司城市地下空间结构耐久性科研攻关课题组的主要研究成果。针对南方沿海城市地下结构耐久性侵蚀环境特点,在工程调查、试验研究和理论分析基础上,较系统地阐述地下结构耐久性环境侵蚀因素、地下结构耐久性检测技术、地下结构耐久性剩余寿命评估理论与应用技术。全书主要内容:城市地下结构耐久性状况调查、检测方法、耐久性环境侵蚀因素分类、氯盐侵蚀机理及寿命预测关键技术、氯盐及硫酸共同侵蚀特征、城市地下结构耐久性寿命预测方法、全周期寿命预测评估方法在城市地下结构中的应用。

全书较系统地介绍了城市地下结构耐久性研究、检测技术和剩余寿命评估理论和应用案例,该书可作为地下结构、市政工程专业相关地下结构耐久性研究、设计、施工和检测的工程技术人员和高校师生参考使用。

* * *

责任编辑 常 燕

城市地下混凝土结构耐久性检测及寿命评估

唐孟雄 陈晓斌 编著

*

中国建筑工业出版社出版、发行(北京西郊百万庄)

各地新华书店、建筑书店经销

广州恒伟电脑制作有限公司制版

北京京丰印刷厂印刷

*

开本:787×1092 毫米 1/16 印张:10⅝ 字数:259 千字
2012 年 8 月第一版 2012 年 8 月第一次印刷
定价:28.00 元
ISBN 978-7-112-14127-2
(22174)

前　言

全球环境恶化,气候变暖,温室效应日益严重,过度消耗地球有限资源,威胁人类生存环境。调查表明,导致全球气候变暖罪魁祸首的 CO_2 总量有 1/4 来源于工程行业,其中最重要的部分来自混凝土消耗。提高混凝土的耐久性有利于延长混凝土的寿命,对减少结构的修补及拆除、减少建筑垃圾、提高资源利用率具有重要意义。国内外已有工程实践证明,由于耐久性导致混凝土结构使用寿命缩短的损失巨大。所以,提倡混凝土结构耐久性具有重要的现实意义。城市地下结构所处环境复杂,需要在更多的环境因素(包括地下水、盐、电流、 CO_2 等)作用下抵抗耐久性侵蚀,所以,城市地下结构耐久性更加值得引起关注。

本书针对南方沿海城市地下结构耐久性侵蚀环境特点,在工程调查、试验研究和理论分析基础上,阐述地下结构耐久性环境侵蚀因素、地下结构耐久性检测技术、地下结构耐久性剩余寿命评估理论与应用技术,全书共分为9章。第1章概述,主要论述了混凝土结构耐久性研究概况,指出了城市地下结构耐久性研究及技术应用中存在的问题。第2章针对不同类型的城市地下结构,提出了耐久性检测的基本方法。第3章综合调查了广州典型地下结构的耐久性状况,分析了城市地下结构耐久性破坏环境因素,并划分了破坏因素的强度等级。第4章着重分析了城市地下结构混凝土碳化环境特点,对常用的碳化预测模型进行了工程适用性分析,提出了城市地下结构碳化防护措施建议。第5章在工程调查、理论分析及模拟侵蚀环境的室内试验基础上,论述了城市地下结构在氯盐侵蚀条件下的劣化特征,从影响因素、劣化机理等方面进行了详细阐述。综合考虑了混凝土对氯离子的结合及吸附性影响,通过试验对比推荐了地下结构混凝土钢筋锈蚀临界浓度值为 0.05%,为工程应用中氯离子侵蚀寿命预测提供了依据。第6章论述了城市地下结构在硫酸盐及氯盐共同侵蚀下的劣化特征及劣化机理,提供城市地下结构耐久性混凝土配比设计要素。第7章采用力学模型模拟了钢筋混凝土锈胀开裂过程,建立混凝土保护层钢筋锈胀开裂模型,探讨了钢筋锈蚀发生到保护层开裂阶段寿命预测计算问题。第8章将城市地下结构的耐久性寿命组成划分为初始锈蚀阶段和锈胀开裂阶段,论述了针对碳化侵蚀、氯离子侵蚀和硫酸盐侵蚀的城市地下结构耐久性剩余寿命预测方法。第9章探讨在地下空间结构建设和维护中全周期结构寿命评估方法,可有效指导城市地下结构建设和耐久性维护。

全书主要针对南方沿海城市地下结构主要耐久性侵蚀因素,系统地介绍了城市地下结构耐久性研究的内容和技术应用案例,该书可作为地下工程和市政工程相关地下结构耐久性研究、设计、施工、检测技术人员和高校师生参考使用。

本书由唐孟雄、陈晓斌编著,本书的科研工作由唐孟雄任总负责人,现场调查和检测工作由陈晓斌博士牵头。唐孟雄起草第2章,其他各章主要由陈晓斌起草,全书由唐孟雄统稿和校稿。参与本书内容相关科研项目研究人员还有史海鸥、田美存、马昆林、周治国、邹扬帆、胡贺松、李冠东等,史海鸥组织和参与广州地铁一、二号线耐久性调查工作,田美存组织和参与广州九号工程的耐久性调查和现场检测工作,中南大学马昆林博士负责地下结构耐久性室内试验工作,周治国、邹扬帆、胡贺松、李冠东等参与广州地铁一、二号线耐久性调查

3

工作及广州九号工程的耐久性调查工作。本书的研究工作得到了广州市建设科技基金项目"广州地下结构剩余寿命评估预测技术研究"的资助,特表感谢。此外,在其他学者研究成果基础上,引申入城市地下结构工程领域,并引用他们在混凝土结构耐久性方面的研究成果,特别是金伟良教授、刘秉京教授、牛获涛教授、张誉教授等研究成果,凡引用处分别给予了标注,特表感谢。

由于本书作者水平有限,旨在抛砖引玉,寄予希望更多的研究人员和工程技术人员一起来关注百年大计的城市地下结构耐久性问题,不当之处还请指正。

唐孟雄　陈晓斌

2011 年 7 月

目　录

第1章 概 论

1.1 引 言

　　全球环境恶化,气候变暖,温室效应日益严重,过度消耗地球有限资源,威胁人类生存环境。调查表明,导致全球气候变暖罪魁祸首的 CO_2 总量有 1/4 来源于工程行业,其中最重要的部分来自混凝土消耗。提高混凝土的耐久性有利于延长混凝土的寿命,对减少结构的修补及拆除、减少建筑垃圾、提高资源利用率具有重要意义。国内外已有工程实践证明,由于耐久性导致混凝土结构使用寿命缩短的损失巨大。资料表明[1]美国混凝土工程总造价 6 万亿美元,每年用于混凝土工程维修和重建的费用约 3000 亿美元,仅 2001 年修复由于耐久性劣化而损坏的桥梁就耗资 910 亿美元。英国每年用于修复钢筋混凝土结构的费用达 200 亿英镑。目前,日本每年仅用于混凝土房屋维修的费用为 400 亿日元。正因为如此,欧美发达国家对混凝土结构的耐久性问题十分关注,开展了许多科学研究。所以,提高混凝土结构耐久性具有重要的现实意义,研究混凝土结构耐久性意义重大。

　　混凝土和钢筋并非无限耐久性建筑材料,它具有一定使用寿命,需要进行保养维护,有耐久性概念。根据资料调查[2][3],混凝土结构设计寿命一般为 50~70 年,大多数国家对其使用寿命作了明确规定。欧洲共同体规范定为:临时结构为 10 年,可替换结构构件为 10~15 年,农用及类似结构为 15~30 年,房屋建筑及其他普通结构为 50 年,纪念性建筑物、桥梁及其他土木结构为 100 年。美国标准对桥梁使用寿命规定为 75~100 年。《结构可靠性原则》标准(ISO/DIS2394)规定临时结构小于 5 年,一般房屋建筑 25~75 年,设计工作年限较长的建筑物为 50~150 年。日本建筑学会对结构使用寿命要求分为 3 个等级:长期等级的年限为 100 年,标准等级的年限为 65 年,一般等级的年限为 30 年。英国规定桥梁、隧道等交通运输结构使用寿命为 120 年,海洋工程为 40 年,一般房屋为 60 年,国家机构及纪念性建筑为 200 年。

　　中国《建筑结构可靠度设计统一标准》[4]规定:临时结构为 5 年,易于替换的结构为 25 年,普通房屋和构筑物为 50 年,纪念性或者重要的建筑物为 100 年。某些重要建筑在耐久性方面提出了更高的要求和设想,其中新建英国国家图书馆寿命为 250 年,三峡工程提出了使用寿命 500 年的要求(图 1-1)。这些设计要求都建立在混凝土结构耐久性科研成果的基础上。

　　许多学者对混凝土结构耐久性破坏因素进行了总结。早在第二届混凝土耐久性国际学术会议上,P. K. Mehta[5]归纳了影响混凝土耐久性的主要因素:钢筋腐蚀、冻融破坏和侵蚀环境的物理化学作用。英国在全国调查统计了 271 个混凝土结构工程破坏事例[6],统计结果见表 1-1 所示。统计结果得出氯离子和混凝土碳化引起的钢筋腐蚀破坏占 50%,冻融循环破坏占 10%,碱骨料反应破坏占 9%,环境介质化学侵蚀破坏占 4%。佐证了 Mehta 教授

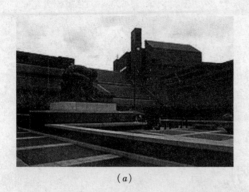

(a) (b)

图 1 - 1 标志性建筑物的高耐久性寿命要求

(a) 英国国家图书馆;(b) 中国三峡大坝

总结的规律,其中氯离子及碳化引起的钢筋锈蚀是耐久性破坏的主要因素。

英国混凝土结构耐久性破坏因素概率统计 表 1 - 1

耐久性因素	氯离子引起锈蚀	碳化引起锈蚀	钢筋腐蚀	冻融循环	碱骨料反应	内部氯引起锈蚀	收缩和沉降	化学侵蚀	其他
破坏比例	33%	17%	10%	10%	9%	5%	5%	4%	7%

    城市地下结构所处环境复杂,需要在更多的环境因素(包括地下水、盐、电流、CO_2等)作用下抵抗耐久性侵蚀,所以,城市地下结构耐久性研究显得更有意义。

    广州地处华南地区,属南亚热带季风气候的沿海地区,距海 100 km 左右,常年炎热,四季多雨潮湿,有着较高概率的干湿循环变化。广州地区地下水受海水影响,氯离子和硫酸根离子含量较高,并且区域复杂的地质构造,有利于地下水的渗透。这些自然条件营造了较复杂的地下结构侵蚀环境。城市地下结构耐久性破坏较严重,典型的地下空间混凝土结构耐久性破坏见图 1 -2 所示。

(a) (b)

图 1 -2 地下混凝土结构耐久性破坏实例

1.2 城市地下结构类型

    21 世纪是城市地下空间开发和利用大发展的时代,不同用途和形式的城市地下结构不断涌现。按照地下结构的用途分类主要有民用用途、公用用途、军事用途和一些特殊埋藏用途的城市地下空间。城市地下结构的主要表现形式有地下室、地下车库、大型地下商场、地下影院、各种用途的市政隧道、地铁隧道、人防工程、大型储仓硐室等,见图1-3。

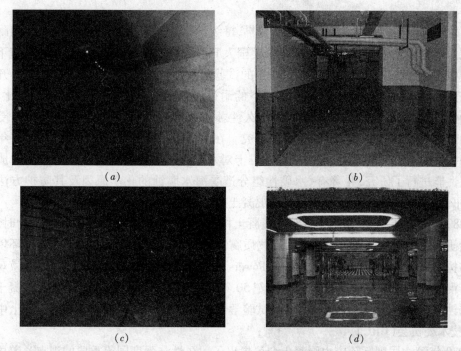

图1-3 常见的城市地下结构形式
(a)人防地道;(b)民用地下室;(c)地铁隧道;(d)大型地下商场

耿永常认为[7]城市地下空间结构的主要结构形式有以下几种,包括:矩形结构、圆形结构、直墙拱形结构、敞开式结构等,见图1-4。

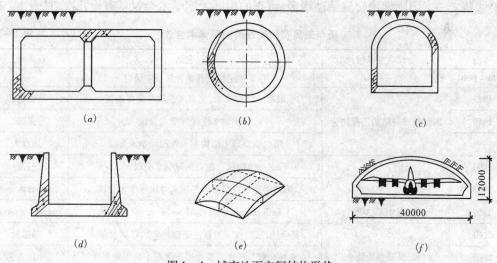

图1-4 城市地下空间结构形状
(a)矩形;(b)圆形;(c)直墙拱形;(d)敞开式结构;(e)正方形底球壳;(f) 40m 跨轰炸机库拱结构

1.3 结构耐久性概况

国外对混凝土结构耐久性研究起步较早,持续不断的日益关注,使得混凝土结构耐久性问题成为研究热点[8][9]。早在 1925 年,美国人 F. M. Miller 开始了在硫酸侵蚀环境下的混凝土结构长期腐蚀试验,获得了长达 50 年的试验数据。Kwapis 和 Glover 从 1934 年开始进行了长达 30 年的混凝土结构在海水环境下的耐久性试验,提出了不同混凝土配合比、不同水泥种类及施工缺陷对港工混凝土结构耐久性影响的见解。德国混凝土结构协会对受沼泽水腐蚀的混凝土结构耐久性破坏进行了研究。在 19 世纪 40 年代,为了探索在那些年代建成的码头被海水破坏的原因,法国工程师维卡对水硬性石灰以及用石灰和火山灰制成的砂浆耐久性能进行了研究,并著有《水硬性组分遭受海水腐蚀的化学原因及其防护方法的研究》一书,是研究海水对水硬性胶凝材料混凝土腐蚀破坏的第一部专著。

1880 ~ 1890 年期间,当第一批钢筋混凝土构件问世,并首次应用于工业建筑物时,人们便开始研究钢筋混凝土能否在化学活性物质腐蚀条件下安全使用以及在工业大气环境中混凝土结构的耐久性能问题[10]。1945 年,Powers 研究了混凝土冻融破坏机理,他从微观世界揭示了混凝土结构冻融破坏过程。20 世纪 50 年代,前苏联学者莫斯克文等人对混凝土中的钢筋锈蚀进行了研究。国际材料与结构试验学会(RILEM)于 1960 年成立了"混凝土中钢筋锈蚀"技术委员会(CRC)。

1970 年第六届国际预应力混凝土会议提出了耐久性与强度同等重要的观点。美国国家科学基金会(NSF)从 1986 年开始重点资助开展结构耐久性研究。美国混凝土学会(ACI)成立了混凝土耐久性委员会(ACI201),指导混凝土结构耐久性研究工作。日本从 20 世纪 70 年代开始重视混凝土结构耐久性研究,1988 年日本土木学会混凝土委员会成立耐久性设计委员会。随着混凝土结构的广泛使用,混凝土结构的耐久性问题成为国际学术会议讨论的重要课题之一。国际学术交流活动增多,可查的国际大型学术会议就有十几次,见表 1 - 2。

历年来具有代表性的国际学术会议   表 1 - 2

年份	会议举办单位	会议主题	召开地点
1974 ~ 1989	—	每 2 年定期召开碱骨料反应研讨	—
1987		混凝土结构未来,把耐久性放在重要位置	法国巴黎
1989	国际桥梁与结构工程协会	结构耐久性国际学术会议	美国
1991		第二届混凝土结构耐久性国际学术会议	加拿大
1993		结构残余能力国际学术会议	丹麦
1993	IABSE	第六届建筑材料与构件耐久性国际学术会议	日本
1997	CANMET、ACI	Fourth International Conference on the subject	Sydney, Australia
2001		安全性、风险性与可靠性工程趋势国际学术会议	马尔他
2005	国际桥梁结构协会	机械荷载与环境荷载作用下混凝土结构耐久性	中国青岛
2007		超高耐久性混凝土结构技术国际研讨会	中国武汉
2008	CI PREMIER LTD.	3rd International Conference on the Concrete Future	中国烟台

年份	会议举办单位	会议主题	召开地点
2008	IA – CONCREEP and Japan Concrete Institute	8th International Conference on Creep, Shrinkage and Durability	日本
2008	ACI、CCES、JSCE、NSFC、RILEM	Conference on Durability of Concrete Structures. ICDCS 2008	中国杭州

经过长期不懈努力,不同领域颁布了众多的有关混凝土结构耐久性的设计技术标准[11]。1992 年,欧洲混凝土委员会颁布了《耐久性混凝土结构设计指南》。1980 年国际标准化委员会、混凝土和钢筋混凝土委员会、预应力混凝土委员会提出了影响混凝土耐久性的环境条件级别和指标。1994 年国际标准组织成立 TC59/SC31WG9 工作小组,制定了结构耐久性设计的国际统一标准。ASTM 与 NBS(美国标准局)制定了混凝土耐久性研究条例。1988 年日本土木学会混凝土委员会耐久性设计委员会提出了《耐久性设计基本方法指南》。英国、加拿大、德国等对混凝土使用寿命、设计使用寿命给出了明确定义,并提出了使用寿命预测方法。

我国对钢筋混凝土耐久性问题研究始于 20 世纪 60 年代初,当时南京水利科学研究院对钢筋锈蚀进行了研究。从 80 年代起,混凝土结构耐久性问题日益引起重视,开始有组织、系统地开展研究。中国土木工程学会于 1982 年、1983 年连续召开了两次全国混凝土耐久性学术会议,为混凝土结构规范的科学修订奠定了基础。铁道部、交通部和中国土木工程学会等有关单位结合工程的需要对混凝土结构的腐蚀进行了大量实验研究,积累了丰富的实验数据。1991 年 12 月在天津成立了全国混凝土耐久性小组,1994 年国家科委组织了国家基础性研究重大项目攀登计划"重大土木与水利工程安全性与耐久性的基础研究"。之后,清华大学、浙江大学及青岛理工大学等对混凝土结构耐久性进行了深入研究。目前,混凝土结构耐久性研究已成为我国工程的热点问题,研究课题延伸至各个领域。

我国混凝土结构耐久性研究已经走过了大半个世纪,混凝土耐久性研究可能呈现如下趋势:

(1)建立混凝土材料的全寿命周期的优化预测模型,为混凝土结构设计、施工和养护提供依据。

(2)对于混凝土耐久性由单因素作用下的耐久性劣化问题,将深入到多因素综合作用下混凝土耐久性研究。

(3)混凝土耐久性研究逐步从定性化向半定量化、定量化发展,取得能够较准确预测结构耐久性寿命及实用耐久性指标的成果。

(4)探索混凝土结构耐久性检测新方法,开发能够适应地方环境条件下的耐久性检测及评价方法,制定检测规程。

(5)开展极端条件下混凝土结构耐久性研究及开发极端条件下新混凝土耐久性材料。

1.4 寿命预测方法

钢筋混凝土结构耐久性破坏的直接原因是钢筋锈蚀产生的锈蚀胀裂,城市地下结构中,典型的钢筋锈蚀胀裂见图1-5所示。

 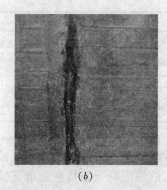

(a) (b)

图1-5 地下混凝土结构耐久性破坏实例

在钢筋锈蚀造成的混凝土结构损伤寿命预测方面，国内外许多学者进行了研究。Tuut-ti[12]提出了基于钢筋锈蚀的结构构件使用寿命两阶段预测模型，Henrisen[13]等学者后来对该模型进行了细化和改进。Morinaga[14]以氯离子引起钢筋锈蚀以致混凝土出现裂缝为失效准则，由试验建立纵裂时的钢筋锈蚀量与钢筋锈蚀速度关系来预测构件寿命。Browne[15]以Fick扩散定律为基础，建立混凝土中Cl^-浓度与扩散的时间、扩散深度之间关系的数学模型预测构件寿命。Funahashi[16]针对停车场预应力构件的寿命问题，提出以钢筋开始锈蚀作为寿命终结的标志，通过有限差分法计算构件使用寿命。印度学者Raju[17]采用加速锈蚀试验方法，通过钢筋混凝土构件的阳极电解分析来预测使用寿命。Shamsad Ahmad[17]等学者基于损伤累积理论，从现场钻取含锈蚀钢筋的芯样，通过简单的劈裂试验和快速锈蚀试验预测结构构件使用寿命。

国内，在钢筋开始腐蚀时间的研究方面，邱小坛[18]、牛荻涛[19]、许丽萍[20]、黄士元[21]、钱稼茹[22]等根据试验分别提出了不同的计算模型。董振平[23]对各种环境下混凝土中钢筋开始锈蚀和混凝土碳化深度之间的相对关系进行了试验研究，给出了钢筋开始锈蚀时不同碳化深度的具体结果。潘振华、牛荻涛[24]利用电化学快速锈蚀方法，对钢筋锈蚀开裂的条件进行了试验研究。阎培渝[25]等采用宏电池腐蚀方法研究了在不同湿度条件下氧气扩散对高含氯混凝土中钢筋腐蚀速率的影响，得到在不同条件下钢筋腐蚀反应的控制因素。刘西拉[26]以纵向开裂截面损失率达5%作为寿命终点，采用数学模拟方法结合方差缩减技术进行寿命预测。屈文俊[27]假设氯离子侵蚀的坑蚀数服从泊松过程和凹坑深度服从截尾指数分布，按随机变量极小值的统计分布理论，建立了氯离子侵蚀下的混凝土构件寿命模型。李田[28]在单因素预测模型的基础上，采用Monte-Carlo法建立在多因素综合作用下的抗力衰减过程分析模型。

依据文献调研[17]~[26]，对于耐久性寿命终止条件问题，有的研究者提出以保护层出现0.15~0.25mn裂缝宽度或钢筋截面损失率达1%作为耐久性极限状态标志。有的研究者建议以纵向裂缝宽度达到0.3mm作为使用寿命的终止。也有人提出以钢筋腐蚀深度达到钢筋肋高64%作为判断粘结破坏的标准。日本建筑学会以因钢筋锈蚀引起截面减小，使钢筋应力达到屈服应力的时间作为耐久性极限。

国内外对结构构件寿命的预测方法做了很多研究，采用经验法、类比法、概率分析法、快速试验法、网络法、动态分析法、随机方法等来预测结构构件的寿命。寿命准则是界定混凝土结构寿命的条件,对此也有多种意见和看法。在混凝土结构耐久性评估中,主要有碳化条件寿命准则、锈胀开裂条件准则、锈胀裂缝宽度与锈蚀量条件准则、承载力条件寿命准则、结构安全系数条件准则和综合条件寿命准则[29]。

一般认为钢筋锈蚀、碱骨料反应、化学侵蚀、冻融、碳化等是影响混凝土材料耐久性的主要因素,其中氯离子渗透和混凝土碳化是造成钢筋锈蚀的主要因素。自 20 世纪 80 年代起,许多研究者着力于研究氯离子渗透环境下钢筋混凝土结构耐久寿命的预测问题,提出了不同的寿命预测方法。

英国,Somerville[30]从使用寿命终结角度出发,将混凝土结构寿命分为技术性使用寿命、功能性使用寿命和经济性使用寿命。Geiker[31]等人认为,钢筋混凝土耐久寿命应为:$t = t_1 + t_2 + t_3$,其中,t_1 为稳定状态所经过的湿度迁移时间;t_2 为暴露于空气中的混凝土钢筋处氯离子达到临界浓度值所经过的时间;t_3 为达到必须大修状态所经过的时间。Maage[32]等利用 Fick 第二扩散定律,得出了一个基于氯离子渗透的现有混凝土耐久寿命的半经验预测模型。在氯离子环境下混凝土的耐久寿命通常分为诱导期、发展期和失效期。从 20 世纪 80 年代以来,国内外关于氯离子耐久寿命研究主要集中在诱导期。

国内,余红发等人[33],在 Fick 第二扩散定律、Clear 经验模型和 Maage 半经验模型的基础上,结合自己的现场观测和试验研究,提出了考虑混凝土氯离子结合能力、混凝土氯离子扩散系数时间依赖性以及混凝土材料在使用过程中内部缺陷的影响等多重因素作用下的混凝土氯离子扩散理论模型。牛荻涛等人对混凝土结构寿命预测进行了长期的研究,提出了碳化寿命准则、锈胀开裂准则、锈胀裂缝宽度与锈蚀量寿命准则,并在实际工程中进行了应用。

1.5　城市地下结构耐久性

提高混凝土结构耐久性的技术措施和结构使用寿命预测是耐久性研究的重要问题。从现有研究成果来看,针对城市地下结构耐久性研究工作开展比较少,部分研究成果主要来自城市的地铁隧道、海底隧道混凝土耐久性研究。

目前,国内学者主要从杂散电流产生和腐蚀机理出发,研究得到地铁杂散电流的计算方法,研制高阻抗混凝土,采取多种工程手段,减低杂散电流的产生,从而使地铁混凝土结构免遭破坏。孙钧[34]等人以翔安海底隧道为工程背景,在衬砌结构服务寿命理论预测研究的基础上,通过室内试验,对海底隧道混凝土结构耐久性及寿命评估方面进行了研究。杜应吉[35]专门研究了隧道混凝土结构在杂散电流作用下的耐久性问题,研制出能有效抵抗地铁杂散电流腐蚀的高性能混凝土。周晓军[36][37]等人通过研究地铁杂散电流对钢筋的电化学腐蚀原理,得出钢筋的电化学当量和腐蚀速率受其所在腐蚀环境介质的影响。林江[38]等人结合深圳地铁工程杂散电流的防护问题,较深入地分析了杂散电流的产生机理和现实危害,并研制出基于粉煤灰混凝土的地铁工程专用高阻抗混凝土。贺鸿珠、陈志源[39]等人,通过掺加粉煤灰等掺合料后混凝土抗杂散电流腐蚀的试验研究,得出了混凝土中的杂散电流是离子流,杂散电流腐蚀破坏机理。虽然国内外学者对杂散电流对城市地铁隧道混凝土耐久性影响已有了一些研究成果,但是还不够深入。尤其是在杂散电流影响下地铁混凝土耐久性评价及其耐久寿命预测现有研究成果很少,尚未见到较成熟的杂散电流单因素下混凝土耐久寿命的预测模型。

1.6 主要内容

针对南方沿海城市地下结构耐久性侵蚀环境特点,在工程调查、试验研究和理论分析基础上,阐述地下结构耐久性环境侵蚀因素、地下结构耐久性检测技术、地下结构耐久性剩余寿命评估理论与应用技术。全书主要内容:城市地下结构耐久性状况调查方法、耐久性环境侵蚀因素分类、氯盐侵蚀机理及寿命预测关键技术、氯盐及硫酸共同侵蚀特征、城市地下结构耐久性寿命预测方法、全周期寿命预测评估方法在城市地下结构中的应用。

第1章概述,主要论述了混凝土结构耐久性研究概况,指出了城市地下结构耐久性研究及技术应用中存在的问题。第2章针对不同类型的城市地下结构,提出了耐久性检测的基本方法。第3章综合调查了广州典型地下结构的耐久性状况,分析了城市地下结构耐久性破坏环境因素,并划分了破坏因素的强度等级。第4章着重分析了城市地下结构混凝土碳化环境特点,对常用的碳化预测模型进行了工程适用性分析,建议了城市地下结构碳化防护措施。第5章在工程调查、理论分析及模拟侵蚀环境的室内试验基础上,论述了城市地下结构在氯盐侵蚀条件下的劣化特征,从影响因素、劣化机理等方面进行了详细阐述。综合考虑了混凝土对氯离子的结合及吸附性影响,通过试验推荐了地下结构混凝土钢筋锈蚀临界浓度值为0.05%,为工程应用中氯离子侵蚀第一阶段寿命预测计算提供了依据。第6章论述了城市地下结构在硫酸盐及氯盐共同侵蚀下的劣化特征及劣化机理,提供城市地下结构耐久性混凝土配比设计要素。第7章采用力学模型模拟了钢筋混凝土锈胀开裂过程,建立混凝土保护层钢筋锈胀开裂模型,探讨了钢筋锈蚀发生到保护层开裂阶段寿命预测计算问题。第8章将城市地下结构的耐久性寿命组成划分为初始锈蚀阶段和锈胀开裂阶段,论述了针对碳化侵蚀、氯离子侵蚀和硫酸盐侵蚀的城市地下结构耐久性剩余寿命预测方法。第9章探讨地下空间结构建设和维护中全周期结构寿命评估方法,可有效指导城市地下结构建设和耐久性维护。

主要参考文献:

[1]陈改新.混凝土耐久性的研究应用和发展[R].第七届全国混凝土耐久性学术会议论文集[C].2008:
   P22-29.

[2]周明华,张蓓.对结构耐久性影响因素的几点思考[R].第七届全国混凝土耐久性学术会议论文集[C].
   2008;P560-566.

[3]国际标准.《结构可靠性原则》ISO/DIS 2394-46,1994.

[4]国家标准.《建筑结构可靠度设计统一标准》GB 50068-2001.

[5]P. K. Mehta, S. Langley, Monolith Foundation:Built to last a 100 years[R]. Concrete international,2000,07.

[6]Collepardi M., Marciali A. and Tueeriziani R. The kinetics of chloride ions penetration in concrete[R]. in I-
   talian, II Cemento, No.4(1970)157-164.

[7]耿永常,李淑华.城市地下空间结构[M].哈尔滨:哈尔滨工业大学出版社,2005.

[8]王新友,李宗津.混凝土使用寿命预测的研究进展[J].建筑材料学报,1999,2(3):249-256.

[9]Cebera J. G. deterioration of concrete due to reinforcement steel corrosion[J]. cement and concrete compos-

ites,18,1996.

[10]Aguilar, Alberto. Corrosion measurements of reinforcing steel in partially submerged concrete slabs[J]. ASTM Special Technical Publication, n 1065, p 66 – 85, Aug 1990.

[11]中国混凝土耐久性专业委员会.第七届全国混凝土耐久性学术交流会论文集[R].湖北,宜昌,2008.

[12]K. Tuutti, Effect of cement type and different additions on service life, in: R. K. Dhir, M. R. Jones (Eds.), Concrete 2000, vol. 2, E& FN Spon, London UK, 1993, pp. 1285 – 1296.

[13]Henrisen. Concrete durability fifty year´s progress[A]. Proceeding of 2nd International Conference on Concrete Durability [C]. ACI SP126 – 1, 1991.1 – 33.

[14]Morinaga F. J. Cover cracking as a function of bar corrosion: Part II – Numerical model[J]. Materials and Structures. 1993, 26: 932 – 548.

[15]R. D. Browne, R. Blundell. The behaviour of concrete in prestressed concrete pressure vessels. Nuclear Engineering and Design. Volume 20, Issue 2, July 1972, Pages 429 – 475.

[16]M. Funahashi, Predicting corrosion free service life of a concrete structure in a chloride environment[J]. ACI Material Journal ,87 (1990) 581 – 587.

[17]肖从真.混凝土中钢筋腐蚀的机理研究及数论模拟方法[D].北京:清华大学,1995.

[18]邱小坛,周燕,顾茹祥.结构耐久性设计方法研讨[C].第四届混凝土结构耐久性科技论坛论文集"混凝土结构耐久性设计与评估方法",北京:机械工业出版社,2006.

[19]牛荻涛等.锈蚀钢筋混凝土梁的承载力分析[J].建筑结构,1999,(8).

[20]许丽萍,吴学礼. FCD混凝土耐久性专家系统及其建立.混凝土,1994,06.

[21]黄士元,蒋家奋等编著. 近代砼技术[M].西安:陕西科技出版社,1998.

[22]钱稼茹等. 土建结构工程的安全性与耐久性[J].建筑技术,2002,Vol33(4)248 – 253.

[23]董振平,牛荻涛,浦聿修. 大气环境下混凝土中钢筋开始锈蚀条件的试验研究[J].工业建筑,2000.7

[24]潘振华,牛荻涛,王庆霖. 锈蚀率与极限粘结强度关系的试验研究[J].工业建筑,2000,30(5).

[25]阎培渝. 高含氯混凝土中钢筋宏电池腐蚀速率控制因素[J].工业建筑,2000,Vol30(5)6 – 11.

[26]刘西拉. 重大土木与水利工程安全性及耐久性的基础研究[J].土木工程学报,1998,34(6).

[27]屈文俊,张誉.构件截面混凝土碳化深度分布的有限元分析关[J].同济大学学报,1999,Vol27(4): 412 – 416.

[28]李田,刘西拉. 混凝土结构耐久性分析与设计[M].北京:科学出版社,1999.

[29]陈雄元. 土建结构工程的安全性与耐久性(R).北京:中国建筑工业出版社,2003.

[30]G. Somerville. The design life of structures[M]. Blackie and Son Ltd,1992.

[31]Geiker. Corrosion rate of steel in concrete: Evaluation of confinement techniques for on – site corrosion rate measurements. Materials and Structures/ Materiaux et Constructions, v 42, n 8, p 1059 – 1076, October 2009.

[32]Maage M. , Service Life Prediction of Existing Concrete Structures Exposed to Marine Environment [J], ACI Materials Journal, 1996,93(6):893 – 901.

[33]余红发,孙伟等.混凝土使用寿命预测方法的研究I – 理论模型[J].硅酸盐学报,2002. 30(6):686 – 690.

[34]孙钧. 海底隧道工程设计施工若干关键技术的商榷[J].岩石力学与工程学报,2006,Vol25(8): 1513 – 1521.

[35]杜应吉,张海燕,李元婷. 地铁工程高性能混凝土耐久寿命评估初探[J].西北水资源与水工程,2003, Vol14(1):49 – 51.

[36]周晓军. 地铁杂散电流对衬砌耐久性影响及防护的探讨[J].地下空间与工程学报,2007,6,Vol3(3): 522 – 528.

[37]周晓军,高波.地铁迷流对钢筋混凝土中钢筋腐蚀的试验研究[J].铁道学报.1999,21(5):99-105.

[38]林江,唐华,于海学.地铁迷流腐蚀及其防护技术[J].建筑材料学报,2003,Vol5(1):72-74.

[39]贺鸿珠,陈志源等.掺粉煤灰水泥基材料水化过程的交流阻抗研究[J].科学研究,2003,02,6-8.

第2章 城市地下结构耐久性检测

2.1 引 言

城市地下结构投入使用后每年应进行不少于一次的定期检查,地下结构经历地震、火灾、爆炸等异常事故后也应进行临时检查,检查发现异常后应进行必要的耐久性监测和检测,当地下结构劣化到一定程度后应进行耐久性评估分析,以判断是否需要维修、加固。常见的城市地下结构可划分为线形结构物(隧道)和城市地下平面结构物[1]。

城市地下线形结构物(隧道)包括矿山法隧道结构、沉管法隧道结构和盾构法隧道结构等。隧道常见病害包括衬砌开裂、渗漏水、钢筋锈蚀、变形侵限、掉块、坍塌、基底翻浆冒泥、下沉、底鼓等。隧道病害类型形式多样,开裂和渗漏水是主要病害。作用在隧道衬砌结构上的压力,与隧道围岩的性质、地应力的大小以及施工方法等因素有关,由于设计或施工缺陷等原因往往造成结构承载力不足或与围岩压力不协调,衬砌厚度不足或混凝土强度不够,不均匀沉降等造成隧道开裂。渗漏水主要包括拱部滴水、边墙渗水或流水、隧道底部翻浆冒泥等。地下平面结构物指建筑物地下室、地下停车场、地下商场、地下旅馆、地下娱乐场所、地下餐厅、人防工程等平面结构物。地下平面结构物常见病害包括混凝土裂缝、渗漏水、钢筋锈蚀、材料强度不够、承载力不够、结构物倾斜、上浮或沉降过大等病害。检测内容和频率可遵循《建筑结构检测技术标准》GB/T 50344 的规定[2]。

城市地下结构营运一定年限后,其结构的性能在各种侵蚀劣化因素作用下出现耐久性破坏。城市地下结构的耐久性状况调查与检测是工程维护的重要环节,所以在进行耐久性评估之前,必须进行一系列的调查与检测工作,调查方法主要以设计施工资料收集、现场勘察和现场检测为主。着重调查地下结构耐久性状况和主要病害,分析城市地下结构耐久性破坏的主要因素,对各因素的影响强度进行划分。实际的耐久性现状调查工作中,可按外荷载作用下结构耐久性退化、材料劣化、渗漏水三种主要情况进行。外荷载作用检查内容包括:外荷载作用导致的结构破损、衬砌变形、移动、沉降、衬砌裂缝、衬砌起层、剥落、衬砌突发性坍塌。材料劣化检查内容包括:衬砌断面强度降低、衬砌起层、剥落、钢材腐蚀。对于渗漏水检查内容包括:渗漏水、流砂。城市地下结构耐久性检测中,需要调查的基本项目见表2-1所示。

耐久性调查基本项目 表2-1

项目编号	项目名称	项目内容	检测方法	单位
1	衬砌完整性	衬砌厚度、填充密实情况、脱空	地质雷达	m
2	外观调查	隧道混凝土裂缝、钢筋锈蚀、地下水渗漏情况、钢筋保护层厚度	测量、记录	项

项目编号	项目名称	项目内容	检测方法	单位
3	水质分析	水质腐蚀性化验	水质分析	组
4	碳化深度	衬砌结构碳化深度	酚酞试剂	组
5	环境因素	CO_2浓度测试、环境温度和相对湿度	测量、记录	组
6	混凝土强度	回弹检测	超声、回弹	组
7	混凝土强度	抽芯、验证	抽芯	组
8	氯离子含量	混凝土氯离子含量	化学滴定法	组
9	钢筋锈蚀	混凝土中钢筋锈蚀量	电化学法	组
10	钢筋分布	钢筋分布	钢筋扫描仪	组

其中，对于城市地下结构的完整性调查可采用电磁波、超声波等无损检测技术进行。例如，对城市隧道衬砌本身缺陷及衬砌背后填充情况进行检测时，可以采用电磁波法（地质雷达）检测衬砌质量缺陷及衬砌与围岩之间空洞。工程应用实践表明，最为常见的检测缺陷示意如图2-1。

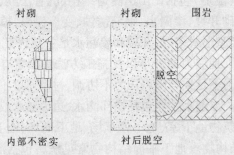

图2-1　常见缺陷示意图

此外，地下水的腐蚀对城市地下结构的耐久性有着直接影响，所以地下水腐蚀性及其变化的调查显得尤为重要。地下水的水化学特征是长期的地质历史发展过程中形成的，受气象、水文、地质、地貌、水文地质条件及人类活动等多种因素的影响。在上述综合因素影响下，特别是近几十年来的强烈的人类活动影响，地下水化学组分会发生变化，改变了其对钢筋混凝土腐蚀性能。所以在城市地下结构耐久性调检测中，有必要对地下水的腐蚀现况进行重新化验和评估，并与初建期间的腐蚀性进行对比。

在外观调查及基本环境因素调查中，项目多并较繁琐，其中特别需要注意的有以下项。耐久性外观调查时需要分段收集地下水渗漏处的混凝土结构物表面的结晶样品，样品烘干后磨碎过筛，采用XRD方法分析其主要化学成分。碳化深度是必须项目，地下混凝土结构的碳化深度采用1%酚酞酒精溶液显色分界方法测试。基本环境因素调查时，采用专门的CO_2浓度测试仪测试地下结构空间内不同位置的单点CO_2浓度，并对地下结构空间内CO_2浓度值分布情况进行统计分析。需要分次地测量地下结构内不同季节温度及相对湿度，并统计季度平均温度和相对湿度、年平均温度及相对湿度。单次测量地下结构内温湿度时，采用专门的温湿度计测试地下结构空间内不同位置的单点温湿度值，并对地下结构空间内温湿度值分布情况进行统计分析。

现场调查工作中，需要对材料及构件进行必要的调查项目。采用钻心机械钻取隧道混凝土结构芯样,芯样直径 Ø80mm,高度 150mm,芯样取回后进行混凝土单轴抗压强度试验,同时测试混凝土芯样的氯离子含量。采用钢筋保护层厚度检测仪检测隧道混凝土钢筋保护层厚度情况,并采用钢筋锈蚀仪检测隧道混凝土钢筋锈蚀程度。有条件时截取外露钢筋进行实验室力学性能试验,评价钢筋锈蚀情况。在有条件的情况下,可设置重点检测断面,监测断面隧道断面形状变化,如隧道工程中可进行隧道断面的水平收敛、拱顶沉降和整体变位,见图 2-2。

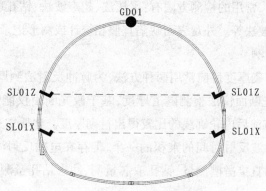

图 2-2　隧道变形监测断面

2.2　矿山法隧道结构耐久性检测

2.2.1　检测项目与测点布置

在常见的矿山法施工的隧道结构中,隧道检测主要指隧道衬砌及相应缺陷检测。矿山法施工的隧道还应包括隧道围岩和支护、衬砌的力学和变形监测,耐久性检测项目与监测断面布置及监测频率要求见表 2-2。

矿山法隧道结构检测常规项目　　　　　　　　　　　　　　　　表 2-2

序号	项目名称	断面布置
1	隧道变形监测	根据检查情况,在异常的变形部位布置断面,监测频率根据变形速度适时调整
2	隧道轮廓测量	20m(曲线)或50m(直线)一个断面,测点间距≤0.5m
3	隧道外观表面缺陷检测	全部检测
4	隧道围岩和支护、衬砌的力学、变形监测	根据监测仪器施工预埋情况选做
5	隧道地下水 pH 值检测	可见漏水点全部检测
6	隧道衬砌厚度	每 20m 抽测一个断面,每个断面不少于 5 个测点
7	隧道衬砌混凝土强度	每 50m 抽测一个断面,每个断面不少于 5 个测点
8	隧道衬砌配筋	每 20m 抽测一个断面,每个断面不少于 3 个测区
9	隧道衬砌背部空洞及内部缺陷	沿隧道拱顶和拱肩3条线连续检测
10	隧道穿越的地表沉降观测	观测点纵向间距 10~50m,横向间距 2~10m

2.2.2　隧道衬砌缺陷检测方法

1. 隧道断面变形量测

隧道断面变形常用隧道激光断面仪量测,也可用全站仪量测。围岩位移常用机械式多点位移计量测。锚杆受力可用钢筋计量测,喷射混凝土、钢构件和衬砌受力可用各种压力盒、混凝土应变计、表面应变计等量测。

2. 隧道衬砌缺陷检测

混凝土在施工和使用过程中所生成的缺陷有裂缝、孔洞、蜂窝和层状破坏等。根据缺陷的部位,隧道衬砌缺陷检测内容可分为表面缺陷检测和内部缺陷检测两部分。内部缺陷检测是检测的难点和重点,常用的检测方法有:水压法、超声波法、钻孔取芯法、地质雷达法、红外成像法隧道衬砌、声波法等。外观表面缺陷宜照相统计或图形记录。

3. 隧道衬砌厚度检测

声波法检测隧道衬砌厚度目前常用两种方法,为脉冲反射法测厚(时域法)和冲击回波法测厚(频域法)。激光断面仪法检测隧道厚度,基于激光断面仪能快速检测隧道界限(内轮廓线),根据衬砌浇筑前后内轮廓线的比较得出衬砌厚度。地质雷达法检测隧道厚度基于电磁波传播速度与电磁波反射时间的乘积的一半,但存在电磁反射波反射时间判读困难等问题。直接测量法包括直接凿槽测量、钻孔取芯量测、冲击钻孔量测法等,不足之处是对隧道结构造成破坏。

4. 隧道衬砌裂缝检测

隧道衬砌裂缝检测采用裂缝显微镜或游标卡尺检测其宽度,采用米尺测量其长度,裂缝深度可采用超声法检测,并记录裂缝位置、方向、密度等对结构稳定有影响的因素。对于仍在发展的裂缝应进行定期观测,提供裂缝发展速度的数据;裂缝观测应按《建筑变形测量规范》[3]的有关规定进行。

5. 隧道轮廓测量

隧道轮廓测量宜采用激光断面仪进行隧道轮廓测量。首先用经纬仪或全站仪定出控制导线,获得断面仪的定点定向数据,再根据激光断面仪获得的数据计算输出各测点与相应设计开挖轮廓之间的超、欠挖值(距离或面积)。

6. 隧道衬砌原材料性能检测

隧道衬砌混凝土结构原材料性能、混凝土强度、外观质量与缺陷、尺寸与偏差、变形与损伤和钢筋配置等项检测工作可参照本章第2.5节的方法进行。

7. 地下水 pH 值的检测

地下水 pH 值的检测可采用酚酞试纸测试。

2.3 盾构法隧道耐久性检测

盾构法隧道检测可参考《盾构法隧道施工与验收规范》[4] GB 50446 和《城市轨道交通工程测量规范》[5] GB 50308 的有关内容。

2.3.1 盾构法隧道耐久性检测内容

根据盾构法隧道特点,应定期进行线路状况巡视与监测,根据巡视与监测结果决定是否需要进行隧道耐久性检测。隧道耐久性检测包括隧道渗透水检测,管片缺陷检测,管片接头缺陷检测,隧道环境监测、隧道结构监测等内容。

隧道环境监测包括地表沉降观测、邻近建(构)筑物变形量测和地下管线变形量测等,可根据需要选做,隧道结构监测包括隧道沉降和椭圆度量测等(表2-3),测量精度应符合现行国家标准《城市轨道交通工程测量规范》GB 50308 的规定。穿越水系和建(构)筑物或有特殊要求等地段的监控量测项目应根据设计要求确定。

表2-3

隧道结构监测项目

项　　目	允许偏差(mm)	检验方法	检查频率
隧道变形测量	衬砌结构不侵入建筑限界 不影响结构稳定性	全站仪、水准仪或断面仪测量	视现场情况
隧道轴线平面位置	±100	全站仪测中线	20环
隧道轴线高程	±100	水准仪测高程	20环
衬砌环直径椭圆度	$±0.6\% D$	断面仪或全站仪	视现场情况
相邻管片径向错台	10	卷尺测量	视现场情况
相邻管片环向错台	15	卷尺测量	视现场情况
外表缺陷		目视和照相	视现场情况
裂缝		裂缝测量尺	视现场情况
渗漏水		照相,流量测试仪器等	视现场情况

2.3.2　盾构法隧道耐久性检测方法

1. 控制点设置

控制点应该设置在不受运营影响的地方,设置牢固,测定时应联测控制导线的2~3个点,以提高精度和检查点位有无位移。应根据隧道的尺寸、线形等因素决定测点的间隔。一般在曲线地段为20~30m,在直线地段为50m左右。

2. 横断面测量

横断面测量可采用全站仪极坐标或激光断面仪等进行测量,测量精度应符合现行国家标准《城市轨道交通工程测量规范》GB 50308 的规定。

3. 管片嵌缝防水检测

管片嵌缝防水检测应符合现行国家标准《地下工程防水技术规范》[6]GB50108 的相关规定。

4. 管片表面的缺陷检测

管片表面的缺棱掉角、混凝土剥落、裂缝深度和宽度应进行调查、检测并记录。

5. 盾构管片壁后空洞检测

盾构管片壁后空洞及盾构管片壁后注浆效果可采用地质雷达法等无损检测方法检测。

6. 隧道管片外观质量缺陷等级

隧道管片外观质量缺陷等级可按表2-4划分。

缺陷	缺 陷 描 述	等级
裂缝	可见贯穿裂缝	严重缺陷
	长度穿过密封槽、宽度大于0.1mm,且深度大于1mm的裂缝	严重缺陷
	非贯穿性干缩裂缝	一般缺陷
外形缺陷	棱角磕碰、飞边等	一般缺陷
外表缺陷	密封槽部位在长度500mm内存在直径、深度各大于5mm气泡超5个	严重缺陷
	管片表面麻面、掉皮、起砂、存在少量气泡等	一般缺陷

7. 隧道衬砌性能检测

隧道衬砌混凝土强度、钢筋分布和锈蚀情况。

2.4 隧道结构耐久性评估

根据隧道结构物性能的检测结果,考虑劣化机理和状态,对检测时和预定使用期末的劣化发展状况和性能降低,采用适当方法进行评价。对隧道结构物性能降低的判定,在评价结果中采用规定的判定基准决定是否需要采取对策,包括必要时采取紧急措施的判定。评价和判定可参考《铁路桥隧建筑物劣化评定标准:隧道》[7]TB/T 2820的评定方法。

2.4.1 隧道结构耐久性评估程序

矿山法隧道耐久性评估采用劣化度的方法来判定隧道结构物的功能状态。具体评估程序如下:首先根据本章2.2节取得有关检测数据,结合现场调查,依次对隧道衬砌裂损劣化等级、地下水pH值与隧道腐蚀程度等级、地下渗漏水对隧道功能影响程度、隧道衬砌材料劣化等级进行评估,综合上述工作对隧道整体劣化等级进行划分。其他工法隧道结构耐久性评估可参考矿山法隧道耐久性评估方法进行,根据具体情况可适当调整评估指标和参数。

2.4.2 隧道结构劣化指标

隧道衬砌裂损劣化等级可按表2-5划分。

隧道衬砌裂损劣化的等级划分 表2-5

劣化等级 / 裂损类型		变形或移动	开裂、错动	压 溃
A	AA(极严重)	衬砌移动加速;衬砌变形、移动、下沉发展迅速,威胁使用安全	开裂或错台长度$L>10$m,宽度$B>5$mm,且变形继续发展,拱部开裂呈块状,有可能掉落	拱顶压溃范围>3m²;或衬砌剥落最大厚度大于衬砌厚度的1/4,发生时会危及使用安全
	A₁(严重)	变形或移动速度$v>10$mm/年	开裂、错台长度L为$5\sim10$m,但开裂或错台值$a>5$mm;开裂或错台衬砌呈块状,在外力作用下有可能崩塌和剥落	压溃范围3m²$\geqslant S\geqslant1$m²;或有可能掉块

裂损类型 劣化等级	变形或移动	开裂、错动	压溃
B(较重)	—	开裂或错台长度 $L < 5m$ 且 $5mm \geq a \geq 3mm$;裂缝有发展,但速度不快	剥落规模较小,但可能对使用造成威胁;拱顶压溃范围 $S < 1m^2$,剥落块体大于 30mm
C(中等)		开裂或错台长度 $L < 5m$ 且宽度 $a < 3mm$	压溃范围很小
D(轻微)		一般龟裂或无发展状态	个别地方被压溃

地下水 pH 值与隧道衬砌腐蚀程度等级可按表 2－6 划分。

pH 值与隧道衬砌腐蚀程度等级

表 2－6

劣 化 等 级		pH 值	对混凝土的作用
A	AA(极严重)	—	—
	A_1(严重)	< 4.0	水泥被溶解,混凝土可能会出现崩裂
B(较重)		4.1~5.0	在短时间内混凝土表面凹凸不平
C(中等)		5.1~6.0	混凝土表面容易变酥、起毛
D(轻微)		6.1~7.9	视混凝土表面有轻微腐蚀现象

地下渗漏水对隧道功能影响程度按表 2－7 评定。

渗漏水对隧道功能影响程度的评定

表 2－7

漏水或涌水的危害等级		隧 道 状 态
A	AA(极严重)	水突然涌入隧道,淹没隧道底部,危及使用安全;对于布设电力线路区段,拱部漏水直接传至电力线路
	A_1(严重)	隧底冒水,拱部滴水成线,边墙淌水,造成严重翻浆冒泥、隧道底部下沉,不能保持正常几何尺寸,危害正常使用
B(较重)		隧道滴水、淌水、渗水等引起洞内局部隧道底部翻浆冒泥
C(中等)		漏水使隧道底部状态恶化,钢轨腐蚀,养护周期缩短,继续发展,将来会升至 B 级
D(轻微)		有漏水,但不影响隧道的使用功能,不超过地下工程防水等级Ⅳ级标准

隧道衬砌材料劣化等级按表 2－8 评定。

衬砌材料劣化等级评定 表2-8

劣化等级 劣化类型		混凝土衬砌腐蚀	砌块衬砌腐蚀
A	AA(极严重)	衬砌材料劣化严重,经常发生剥落,危及使用安全;初砌厚度为原设计厚度的3/5,混凝土强度大大下降	拱部接缝劣化严重,拱部衬砌有可能掉落大块体(与砌块大小一样)
	A_1(严重)	衬砌材料劣化,稍有外力或振动,即会崩塌或剥落,对安全使用产生重大影响;腐蚀深度10mm,面积达0.3m²;衬砌有效厚度为设计厚度的2/3左右	接缝开裂,其深度大于100mm,砌块错落大于10mm
B(较重)		衬砌剥落,材质劣化,衬砌厚度减少,混凝土强度有一定的降低	接缝开裂,但深度小于10mm或砌块有剥落,但剥落体在40mm以下
C(中等)		衬砌有剥落,材质劣化,但不可能有急剧发展	接缝开裂,但深度不大,或砌块有风化剥落,但块体很小
D(轻微)		衬砌有起毛或麻面蜂窝现象,但不严重	砌块有轻微风化

隧道耐久性劣化等级可按表2-9划分。

隧道劣化等级划分 表2-9

劣化等级		对结构功能及使用安全的影响	措 施
A	AA(极严重)	结构功能严重劣化,危及使用安全;或者表2-5～表2-8中任一项等级达到AA级;或者表2-5~表2-8中任两项等级达到A级	立即采取措施
	A_1(严重)	结构功能严重劣化,进一步发展危及使用安全;或者表2-5～表2-8中任一项等级达到A级;或者表2-5～表2-8中任两项等级达到B级	尽快采取措施
B(较重)		劣化继续发展会升至A级;或者表2-5～表2-8中任一项等级达到B级;或者表2-5～表2-8中任两项等级达到C级	加强监视,必要时采取措施
C(中等)		影响较少;或者表2-5～表2-8中任一项等级达到C级	加强检查,正常维修
D(轻微)		无影响,或者达不到C级标准	正常保养及巡检

隧道火灾后耐久性评估应考虑损伤深度、酥松深度、剥落深度、衬砌混凝土残余强度比、结构残余支撑能力、混凝土衬砌超声波速比、火灾温度、持续时间、烧伤区混凝土特征、混凝土表面颜色等内容进行综合评定,对于一般隧道发生火灾后进行安全性评估参考表2-10。

损伤程度	损伤深度 (cm)	酥松深度 (cm)	剥落深度 (cm)	衬砌混凝土残余强度比	结构残余支撑能力 (%)	混凝土衬砌超声波速比	火灾温度(℃)	持续时间(h)	混凝土表面颜色	烧伤区混凝土特征
检 测 项 目							温度指标		表面特征	
轻度损伤Ⅰ	3～6	2～4	0	>0.7	>85	>0.8	400 500 600	5～14 1～3 0～3	烟熏黑	表层轻微损伤，整体基本无破坏
中度损伤Ⅱ	6～12	4～7	0～3	0.5～0.7	70～85	0.5～0.8	600 700 800 900	3～19 0～19 0～11 0～1	烟熏黑略带浅红色	表层剥落和烧酥，表面有0.5～2mm裂纹
严重损伤Ⅲ	12～20	7～12	3～7	0.36～0.5	55～70	0.3～0.5	900 1000 1100 1200	1～35 0～26 0～16 0～6	灰白略带浅红色	表层剥落和烧酥严重（2～3cm厚），有0.5～2mm裂纹
极度损伤Ⅳ	20～30	12～30	7～15	0.2～0.36	40～55	0.1～0.3	1200 1300 1400 1500	6～49 0～39 0～30 0～20	灰白色	表层剥落和烧酥极严重（>4cm厚）有宽度>2mm裂纹
破坏Ⅴ	>30	>30	>15	<0.2	<40	<0.1	1200 1300 1400 1500	>49 >39 >30 >30	灰白色	破坏性贯穿裂纹，混凝土烧酥，结构局部失稳
检测方法	打开查看，游标卡尺测量	打开查看，游标卡尺测量	打开查看，游标卡尺测量	超声回弹或抽芯	数值模拟或理论计算	超声检测	根据燃烧材料和现场调查推断	根据现场调查推断	现场调查	现场调查和游标卡尺测量

隧道地震、爆炸灾害等发生后进行的耐久性评估可参考常规评估方法进行。

2.5 地下平面结构物耐久性检测

地下混凝土结构的检测可分为原材料性能、混凝土强度、混凝土构件外观质量与缺陷、尺寸与偏差、变形与损伤和钢筋配置等项工作,必要时,可进行结构构件性能的荷载检验。

2.5.1 原材料性能检测

1.混凝土原材料的质量或性能检测方法

(1)当工程尚有与结构中同批、同等级的剩余原材料时,可按有关产品标准和相应检测标准的规定对与结构工程质量问题有关联的原材料进行检验;

(2)当工程没有与结构中同批、同等级的剩余原材料时,可从结构中取样,检测混凝土的相关质量或性能。

2.钢筋的质量或性能检测方法

(1)当工程尚有与结构中同批的钢筋时,可按有关产品标准的规定进行钢筋力学性能检验或化学成分分析;

(2)需要检测结构中的钢筋时,可在构件中截取钢筋进行力学性能检验或化学成分分析;进行钢筋力学性能的检验时,同一规格钢筋的抽检数量应不少于一组;

(3)钢筋力学性能和化学成分的评价指标,应按有关钢品标准确定。

3.既有结构钢筋抗拉强度的检测方法

可采用钢筋表面硬度等非破损检测与取样检验相结合的方法。

4.力学锈蚀钢筋、受火灾影响等钢筋性能检测方法

需要检测进行力学锈蚀钢筋、受火灾影响等钢筋性能时,可在构件中截取钢筋进行力学性能检测。在检测报告中应对测试方法与标准方法的不符合程度和检测结果的适用范围等予以说明。

2.5.2 混凝土强度检测

1.混凝土强度检测方法

结构或构件混凝土抗压强度可采用回弹法、超声回弹综合法、后装拔出法或钻芯法等方法检测,检测操作应分别遵守相应技术规程的规定。

2.混凝土抗压强度检测要求

(1)采用回弹法时,被检测混凝土的表层质量应具有代表性,且混凝土的抗压强度和龄期不应超过相应技术规程限定的范围;

(2)采用超声回弹综合法时,被检测混凝土的内外质量应无明显差异,且混凝土的抗压强度不应超过相应技术规程限定的范围;

(3)采用后装拔出法时,被检测混凝土的表层质量应具有代表性,且混凝土的抗压强度和粗骨料的最大粒径不应超过相应技术规程限定的范围;

(4)当被检测混凝土的表层质量不具有代表性时,应采用钻芯法;当被检测混凝土的龄期或抗压强度超过回弹法、超声回弹综合法或后装拔出法等相应技术规程限定的范围时,可采用钻芯法或钻芯修正法;

(5)在回弹法、超声回弹综合法或后装拔出法适用的条件下,宜进行钻芯修正或利用同

条件养护立方体试块的抗压强度进行修正。

3. 混凝土抗压强度钻芯修正法

采用钻芯修正法时，可选用总体修正量的方法。总体修正量方法中的芯样试件换算抗压强度样本的均值 $f_{cor,m}$，应按《建筑结构检测技术标准》[8] GB/T 50344 第3.3.19条的规定确定推定区间，推定区间应满足《建筑结构检测技术标准》GB/T 50344 第3.3.15条和第3.3.16条的要求；总体修正量 Δ_{tot} 和相应的修正可按式(2-1)计算：

$$\Delta_{tot} = f_{cor,m} - f^c_{cu,m0} \qquad (2-1a)$$

$$f^c_{cu,i} = f^c_{cu,i0} + \Delta_{tot} \qquad (2-1b)$$

式中　$f_{cor,m}$——芯样试件换算抗压强度样本的均值；

　　　$f^c_{cu,m0}$——用修正方法检测得到的换算抗压强度样本的均值；

　　　$f^c_{cu,i}$——修正后测区混凝土换算抗压强度；

　　　$f^c_{cu,i0}$——修正前测区混凝土换算抗压强度。

当钻芯修正法不能满足要求时，可采用对应样本修正量、对应样本修正系数或一一对应修正系数的修正方法；此时直径100mm混凝土芯样试件的数量不应少于6个；现场钻取直径100mm的混凝土芯样确有困难时，也可采用直径不小于70mm混凝土芯样，但芯样试件的数量不应少于9个。一一对应修正系数，可按相关技术规程的规定计算。对应样本的修正量 Δ_{loc} 和修正系数 η_{loc}，可按式(2-2)计算：

$$\Delta_{loc} = f_{cor,m} - f^c_{cu,m0,loc} \qquad (2-2a)$$

$$\eta_{loc} = f_{cor,m} / f^c_{cu,m0,loc} \qquad (2-2b)$$

式中　$f_{cor,m}$——芯样试件换算抗压强度样本的均值；

　　　$f^c_{cu,m0,loc}$——被修正方法检测得到的与芯样试件对应测区的换算抗压强度样本的平均值。

相应的修正可按式(2-3)计算：

$$f^c_{cu,i} = f^c_{cu,i0} + \Delta_{loc} \qquad (2-3a)$$

$$f^c_{cu,i} = \eta_{loc} f^c_{cu,i0} \qquad (2-3b)$$

式中　$f^c_{cu,i}$——修正后测区混凝土换算抗压强度；

　　　$f^c_{cu,i0}$——修正前测区混凝土换算抗压强度。

4. 检测批混凝土抗压强度的推定

检测批混凝土抗压强度的推定，宜按《建筑结构检测技术标准》GB/T 50344 第3.3.20条的规定确定推定区间，推定区间应满足《建筑结构检测技术标准》GB/T 50344 第3.3.15条和第3.3.16条的要求，可按《建筑结构检测技术标准》GB/T 50344 第3.3.21条的规定进行评定。单个构件混凝土抗压强度的推定，可按相应技术规程的规定执行。

5. 混凝土的抗拉强度试验方法

混凝土的抗拉强度可采用对直径100mm的芯样试件施加劈裂荷载或直拉荷载的方法检测；劈裂荷载的施加方法可参照《普通混凝土力学性能试验方法标准》[9] GB/T 50081 的规定执行，直拉荷载施加方法可按《钻芯法检测混凝土强度技术规程》[10] CECS 03 的规定执行。

6. 受到环境侵蚀或遭受火灾的构件中未受到影响部分混凝土的强度检测方法

（1）采用钻芯法检测，在加工芯样试件时，应将芯样上混凝土受影响层切除；混凝土受影响层的厚度可依据具体情况分别按最大碳化深度、混凝土颜色产生变化的最大厚度、明显损伤层的最大厚度确定，也可按芯样侧表面硬度测试情况确定；

（2）混凝土受影响层能剔除时，可采用回弹法或回弹加钻芯修正的方法检测，但回弹测区的质量符合相应技术规程的要求。

2.5.3　混凝土构件外观质量与缺陷检测

1. 混凝土构件外观质量与缺陷的检测项目

混凝土构件外观质量与缺陷的检测包括蜂窝、麻面、孔洞、夹渣、露筋、裂缝、疏松区和不同时间浇筑的混凝土结合面质量等项目。

2. 混凝土构件外观质量与缺陷的检测方法

混凝土构件外观缺陷，可采用目测与尺量的方法检测；检测数量，对于建筑结构工程质量检测时宜为全部构件。混凝土构件外观缺陷可按《混凝土结构工程施工质量验收规范》[11]GB 50204 评定。

（1）检测项目应包括裂缝的位置、长度、宽度、深度、形态和数量；裂缝的记录可采用表格或图形的形式；

（2）裂缝深度可采用超声法检测，必要时可钻取芯样予以验证；

（3）对于仍在发展的裂缝应进行定期观测，提供裂缝发展速度的数据；

（4）裂缝观测应按《建筑变形测量规范》JGJ 8 的有关规定进行。

3. 混凝土内部缺陷的检测方法

混凝土内部缺陷的检测可采用超声法、冲击反射法等非破损方法；必要时可采用局部破损方法对非破损的检测结果进行验证。采用超声法检测混凝土内部缺陷时，可参照《超声法检测混凝土缺陷技术规程》[12]CECS 21 的规定执行。

2.5.4　尺寸偏差检测

1. 混凝土结构构件的尺寸与偏差的检测项目

（1）构件截面尺寸；

（2）标高；

（3）轴线尺寸；

（4）预埋件位置；

（5）构件垂直度；

（6）表面平整度。

2. 现浇混凝土结构及预制构件的尺寸偏差

现浇混凝土结构及预制构件的尺寸偏差应以设计图纸规定的尺寸为基准确定尺寸的偏差，尺寸的检测方法和尺寸偏差的允许值应按《混凝土结构工程施工质量验收规范》GB 50204 确定。

3. 受到环境侵蚀和灾害影响的构件尺寸偏差

对于受到环境侵蚀和灾害影响的构件，其截面尺寸应在损伤最严重部位量测，在检测报告中应提供量测的位置和必要的说明。

2.5.5 变形与损伤检测

1. 混凝土结构或构件变形的检测项目

混凝土结构或构件变形的检测包括构件的挠度、结构的倾斜和基础不均匀沉降等项目；混凝土结构损坏的检测可分为环境侵蚀损伤、灾害损伤、人为损伤、混凝土有害元素造成的损伤以及预应力锚夹具的损伤等项目。

2. 混凝土构件的挠度检测方法

可采用激光测距仪、水准仪或拉线等方法检测。

3. 混凝土构件或结构的倾斜检测方法

可采用经纬仪、激光定位仪、三轴定位仪或吊锤的方法检测，宜区分倾斜中施工偏差造成的倾斜、变形造成的倾斜、灾害造成的倾斜等。

4. 混凝土结构的基础不均匀沉降检测方法

可用水准仪检测；当需要确定基础沉降发展的情况时，应在混凝土结构上布置测点进行观测，观测操作应遵守《建筑变形测量规范》JGJ 8 的规定；混凝土结构的基础累计沉降差，可参照首层的基准线推算。

5. 混凝土结构受到的损伤检测方法

（1）对环境侵蚀，应确定侵蚀源、侵蚀程度和侵蚀速度；

（2）对火灾等造成的损伤，应确定灾害影响区域和受灾害影响的构件，确定影响程度；

（3）对于火灾的损伤，应确定损伤程度；

（4）当怀疑水泥中游离氧化钙($f-CaO$)对混凝土质量构成影响时，可按《建筑结构检测技术标准》GB/T 50344 附录 B 进行检测。

（5）混凝土存在碱骨料反应隐患时，可从混凝土中取样，按《普通混凝土用碎在或卵石质量标准及检测方法》[13] JGJ 53 检测骨料的碱活性，按相关标准的规定检测混凝土中的碱含量。

（6）混凝土中性化（碳化或酸性物质的影响）的深度，可用浓度为 1% 的酚酞酒精溶液（含 20% 的蒸馏水）测定，将酚酞酒精溶液滴在新暴露的混凝土面上，以混凝土变色与未变色的交接处作为混凝土中性化的界面。

（7）混凝土中氯离子的含量可按《建筑结构检测技术标准》GB/T 50344 附录 C 进行检测。

（8）对于未封闭在混凝土内的预应力锚夹具的损伤，可用卡尺、钢尺直接量测。

2.5.6 钢筋的配置与锈蚀检测

1. 钢筋配置的检测内容

钢筋配置的检测包括钢筋位置、保护层厚度、直径、数量等项目。

2. 钢筋配置的检测方法

钢筋位置、保护层厚度和钢筋数量宜采用地质雷达法或电磁感应法等无损检测法进行检测，必要时可凿开混凝土进行钢筋直径或保护层厚度的验证。可对钢筋的锚固与搭接、框架节点及柱加密区箍筋和框架柱与墙体的拉结筋进行检测。

3. 钢筋的锈蚀情况检测

钢筋的锈蚀情况可按《建筑结构检测技术标准》GB/T 50344 附录 D 进行检测。

2.6 地下平面结构物耐久性评估

2.6.1 地下平面结构物可靠性鉴定

地下平面结构物可靠性鉴定是耐久性评估的基础,耐久性评估之前应按可靠性鉴定程序进行相应的检测和评定。

1. 评估子单元划分

地下平面结构物可靠性鉴定可按《民用建筑可靠性鉴定标准》GB 50292 的要求将地下平面结构分解为基础、墙、柱、板等构件,将地下平面结构分解为地基基础(含桩基和桩)、承重结构和围护系统承重结构部分 3 个子单元,然后按层次依次进行鉴定评估。

2. 可靠性评级的层次、等级划分以及工作步骤

(1)安全性和正常使用性的鉴定评级,应按构件、子单元和鉴定单元各分 3 个层次。每一层次分为 4 个安全性等级和 3 个使用性等级,并应按《民用建筑可靠性鉴定标准》[14] GB 50292 表 3.2.5 规定的检查项目和步骤,从第一层开始,分层进行:

1)根据构件各检查项目评定结果确定单个构件等级;

2)根据子单元各检查项目及各种构件的评定结果确定子单元等级;

3)根据各子单元的评定结果确定鉴定单元等级。

(2)各层次可靠性鉴定评级应以该层次安全性和正常使用性的评定结果为依据综合确定。每一层次的可靠性等级分为四级。

(3)当仅要求鉴定某层次的安全性或正常使用性时,检查和评定工作可只进行到该层次相应程序规定的步骤。

3. 可靠性评级要求

(1)地下平面结构物的可靠性鉴定,应按上述方法划分的层次,以其安全性和正常使用性的鉴定结果为依据逐层进行。

(2)当不要求给出可靠性等级时,地下平面结构物各层次的可靠性可采取直接列出其安全性等级和使用性等级的形式予以表示。

(3)当需要给出地下平面结构物各层次的可靠性等级时,可根据其安全性和正常使用性的评定结果,按下列原则确定:

1)当该层次安全性等级低于《民用建筑可靠性鉴定标准》GB 50292 规定的 b_u 级、B_u 级或 B_{su} 级时,应按安全性等级确定。

2)除上款情形外,可按安全性等级和正常使用性等级中较低的一个等级确定。

3)当考虑鉴定对象的重要性或特殊性时,允许对本条第 2 款的评定结果作不大于一级的调整。

2.6.2 地下平面结构物剩余寿命评估

地下平面结构物耐久性指耐久年限、使用寿命和剩余寿命。地下平面结构物耐久年限是指结构物预期的从建成到破坏所经历的时间。地下平面结构物的使用寿命是指结构物的实际使用时间。结构物使用一段时间后,经检测、鉴定,允许继续使用的期限为剩余寿命。因此,地下平面结构物的使用寿命是已经使用的时间与剩余寿命之和。

我国《建筑可靠度结构设计统一标准》[15] GB 50068 – 2001 对设计基准使用期(耐久年

限)定为50年;对于重要的或具有历史性、代表性的建筑物的耐久年限定为100年以上,如地铁的耐久年限定为100年;对于简易建筑或临时建筑,耐久年限定在20年以下。地下平面结构物的使用寿命与耐久年限不尽相同,有的地下平面结构物的使用寿命超过预定的耐久年限,而有的地下平面结构物的使用寿命低于预定的耐久年限。对地下平面结构物作耐久性鉴定,可推断其继续使用的时间。

地下结构的剩余耐久年限 Y_r 推算值是指地下结构经过 Y_0 年使用后,距自然寿命 Y 的剩余年限,即 $Y_r = Y - Y_0$。结构鉴定中耐久性评估的重点是估计结构在正常使用、正常维护条件下,继续使用是否满足下一个目标使用年限 Y_m(5年、10年……)的要求。地下结构耐久性评估用结构耐久性系数确定[16],即:

$$K_n = \frac{Y_r}{Y_m} \tag{2-4}$$

结构耐久性评估系数见表 2-11。

结构耐久性系数 K_n　　　　　　　　　　表 2-11

结构耐久性评估	a 级	b 级	c 级	d 级
主筋处于未碳化区($C_t < C$)	≥1.5	$1.5 > K_n \geq 1.0$	<1.0	
主筋处于已碳化区($C_t \geq C$)			≥1.0	<1.0

注:当结构耐久性系数 $K_n < 1.0$ 时,应对结构进行安全性验算。表中 C 为混凝土结构构件截面受力主筋平均保护层厚度,C_t 为混凝土结构构件截面受力主筋侧边的平均碳化深度。

钢筋混凝土结构耐久性破坏是混凝土或钢筋随时间变化,受自然作用、化学腐蚀、集料反应、疲劳损伤等造成的累积损伤。当构件中一半以上的主筋处于锈蚀状态,即使通过一般维修或局部更换,已不能满足可靠性鉴定评级中的 B 级要求时,自鉴定之日算起,达到这种状态的时间 Y_r,称为该构件的剩余耐久年限。

钢筋混凝土结构的剩余耐久年限,评价方法很多,主要有四种寿命准则,即碳化寿命准则、锈胀开裂寿命准则、裂缝宽度与钢筋锈蚀量限值寿命准则和承载力寿命准则。计算方法分别参考第4章、第5章、第7章和第8章。当根据混凝土平均碳化深度的实测值是否超过其保护层厚度,按下列方法推算。当平均碳化深度小于平均保护层厚度时,其剩余耐久年限按下式推算:

$$Y_r = Y_0 \left(\frac{C^2}{C_t^2} - 1 \right) \alpha_c \beta_c \gamma_c \delta_c \tag{2-5}$$

当平均碳化深度大于或等于平均保护层厚度时,且受力主钢筋直径不小于10mm,主筋残余截面积满足式(2-6),其剩余耐久年限按式(2-7)推算:

$$1 - \frac{A_{sr}}{A_{s0}} \leq 6\% \tag{2-6}$$

$$Y_r = Y_0 \left[\frac{0.1}{1.05 - \frac{A_{sr}}{A_{s0}}} \right] \alpha_c \beta_c \gamma_c \delta_c \tag{2-7}$$

式中　C——混凝土结构构件受力主筋平均保护层厚度;

　　　C_t——混凝土结构构件受力主筋侧边的平均碳化深度;

Y_0——结构构件已使用年限；

α_c——混凝土结构耐久性的混凝土材质系数；

β_c——混凝土结构耐久性的钢筋保护层系数；

γ_c——环境对混凝土结构耐久性的影响系数；

δ_c——混凝土结构耐久性的结构损伤系数；

A_{sr}——钢筋锈蚀后当前剩余截面积；

A_{s0}——钢筋锈蚀前截面积。

没有经验时，上述系数可参考袁海军、姜红主编《建筑结构检测鉴定与加固手册》[16]表 5-32~表 5-35 选取。

主要参考文献：

[1]唐孟雄主编.广东省标准《城市地下空间检测监测技术标准》DBJ/T 15-64-2009,2010.

[2]中国建筑科学研究院主编.《建筑结构检测技术标准》GB/T 50344,2002.

[3]建设部行业标准.《建筑变形测量规范》JGJ 8-2007,2007.

[4]国家标准.《盾构法隧道施工与验收规范》GB 50446-2008,2008.

[5]国家标准.《城市轨道交通工程测量规范》GB 50308-2008.

[6]国家标准.《地下工程防水技术规范》GB 50108-2001,2001.

[7]中华人民共和国铁道行业标准.《铁路桥隧建筑物劣化评定标准:隧道》TB/T 2820-1997.

[8]国家标准.《建筑结构检测技术标准》GB/T 50344-2004,2004.

[9]国家标准.《普通混凝土力学性能试验方法标准》GB/T 50081-2002,2002.

[10]建设部行业标准.《钻芯法检测混凝土强度技术规程》CECS 03-2007,2007.

[11]国家标准.《混凝土结构工程施工质量验收规范》GB50204-2002,2002.

[12]建设部行业标准.《超声法检测混凝土缺陷技术规程》CECS 21-2000,2000.

[13]建设部行业标准.《普通混凝土用碎在或卵石质量标准及检测方法》JGJ 53-1992,1992.

[14]国家标准.《民用建筑可靠性鉴定标准》GB 50292.

[15]国家标准.《建筑结构可靠度结构设计统一标准》GB 50068-2001,2001.

[16]袁海军,姜红主编.建筑结构检测鉴定与加固手册.北京:中国建筑工业出版社,2003.

第3章 城市地下结构耐久性调查实例

3.1 广州耐久性环境因素

3.1.1 区域环境分析

广州位于东经 112°57′~114°03′,北纬 22°35′~23°35′,属南亚热带季风气候沿海地区,距海 100 km 左右。广州地区雨量充沛,年降水量为 1689.3~1876.5mm,雨季(4~9月)降水量占全年的 85% 左右。广州大地构造处于华南褶皱系中的粤中拗陷构造单元,受加里东、印支、燕山及喜马拉雅等构造旋迥的作用,范围内发育了不同规模的褶皱和断裂,并发育了沉积岩、岩浆岩和变质岩。其中,北东向的广从断裂和东西向的瘦狗岭断裂将广州划分为三个构造区,并控制各区的第四纪沉积及沉积中心的展布。广州市地处珠江三角洲,河流纵横,地下水丰富,埋深较浅,水文地质条件复杂。

广州区域环境特点分析表明,对城市隧道结构耐久性不利因素主要表现为靠近南海海域,地下水受海水影响,氯离子含量比一般情况下高。地处亚热带气候,常年炎热,四季多雨气候潮湿,并且伴随着较高概率的干湿交替循环变化,加快了钢筋混凝土结构的腐蚀。复杂的地质构造,有利于地下水的渗透,营造了良好的隧道侵蚀环境。区域地质和气候环境对广州城市地下结构耐久性提出了严峻的挑战。

3.1.2 环境因素与强度

广州城市地下结构耐久性侵蚀因素主要是 CO_2 碳化、地下水中的氯离子侵蚀和硫酸根侵蚀。参照国家标准《混凝土结构耐久性设计规范》GB/T 50476－2008 将其划分为表 3－1 几个级别,侵蚀因素强度划分为表 3－2 所示等级。

广州地区城市地下结构耐久性环境因素类别　　　　表 3－1

类别序号	环境因素类别	侵蚀方式及耐久性破坏机理	主要因素
I	大气环境(CO_2)	混凝土碳化降低碱度,破坏钢筋钝化膜,引起钢筋锈蚀膨胀,导致混凝土保护层开裂	受到如下因素影响:环境湿度、温度、CO_2 浓度、混凝土渗透性、混凝土碱度
II	地下水氯离子(Cl^-)	氯离子按 Fick 第二扩散定律侵入混凝土,积累到一定浓度后,破坏钢筋钝化膜,引起钢筋锈蚀膨胀,导致混凝土保护层开裂	受到如下因素影响:环境湿度、温度、氧气、混凝土微观结构、混凝土电阻、混凝土碳化程度

类别序号	环境因素类别	侵蚀方式及耐久性破坏机理	主要因素
III	地下水其他侵蚀离子	主要指地下水中的硫酸根离子(SO_4^{2-})侵蚀及镁离子(Mg^{2+})侵蚀	受到如下因素影响:环境湿度、温度
IV	其他环境因素类别	地铁隧道:考虑杂散电流环境因素;市政污水管道:考虑微生物侵蚀	受到如下因素影响:环境湿度、温度

注:1. 依据广州地区环境特点及工程调研确定 I、II 类为主要环境因素类别,所有城市地下结构必须考虑的耐久性环境
　　因素类型;

　　2. I 类主要针对城市地下结构内侧,II 类主要针对城市地下结构外侧;

　　3. II、IV 类为特殊种类城市地下结构必须要考虑的环境因素类型。

广州地区城市地下结构耐久性环境因素等级　　　　　　　　表 3-2

环境因素类别	环境因素等级			备注
	轻微腐蚀	轻度腐蚀	中度腐蚀	
大气环境(CO_2)	$CO_2 < 2000mg/L$ 相对湿度 < 60	$CO_2 > 2000mg/L$ 相对湿度 > 60	$CO_2 > 2000mg/L$ 相对湿度 > 75	不包括局部特殊情况
地下水氯离子(Cl^-)	无腐蚀	弱腐蚀	中度腐蚀	不包括局部特殊情况
	$[Cl^-] < 500mg/L$	$500mg/L < [Cl^-] < 5000mg/L$	$5000mg/L < [Cl^-] < 10000mg/L$	
硫酸根侵蚀(SO_4^{2-})	无腐蚀	弱腐蚀	中度腐蚀	不包括局部特殊情况
	$[SO_4^{2-}] < 250mg/L$	$250mg/L < [SO_4^{2-}] < 1500mg/L$	$1500mg/L < [SO_4^{2-}] < 4000mg/L$	

3.2　广州九号工程耐久性调查

3.2.1　工程概况

广州市人防九号工程为 20 世纪 60 年代修建的地道式人防工程,至 2000 年已有 41 年的历史。九号工程依据当时的政治、经济发展状况,结合广州市地形地貌、水文地质条件及地面建筑、人口分布情况而建,主要分布于人口与房屋稠密的越秀、荔湾两区。线路主干道分南北主线和东西辅线。九号工程隧道全线设有一定坡度,最小 3‰,最大 15.4‰,线路平面示意如图 3-1 所示。

九号工程隧道断面采用直墙式半圆拱,边墙与底板分离,绝大部分采用素混凝土浇筑衬砌,局部不良地质地段或岔口地段采用钢筋混凝土衬砌。主线隧道断面净宽 3m,净高 2.85m,净断面 7.8m²。拱顶和侧墙的混凝土厚度为 300～400mm,底板混凝土厚度为 100mm。典型隧道断面如图 3-2 所示。

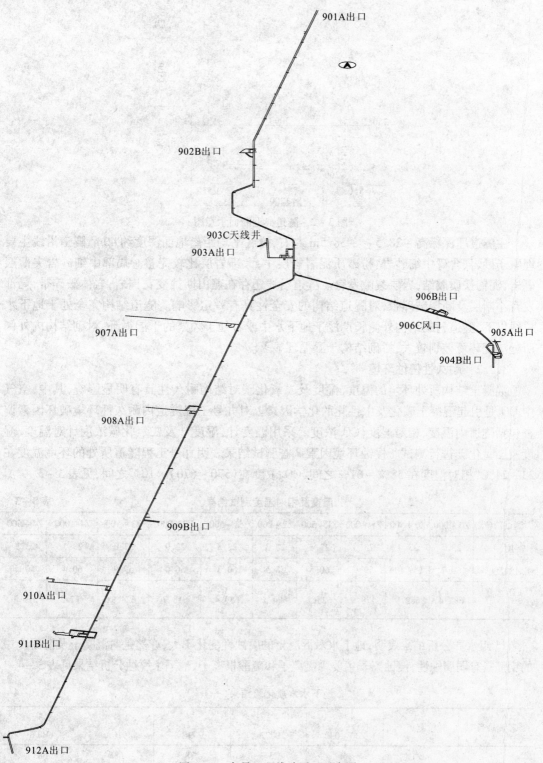

901A出口

902B出口

903C天线井
903A出口

906B出口

907A出口

906C风口

905A出口

904B出口

908A出口

909B出口

910A出口

911B出口

912A出口

图 3 - 1　九号工程线路平面示意图

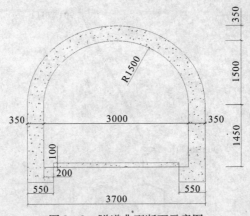

图 3 - 2　隧道典型断面示意图

主隧道埋深标高 −28.5 ～ −38.5m 左右,隧底平均距离地面深度约 40m,隧道沿线主要埋藏于砂岩、含砾中细砂岩、粉砂质泥岩岩层中,大部岩层比较完整。局部中细砂岩夹薄层砾岩,泥钙铁质胶结,岩层裂隙发育。隧道沿线还存在燕山期蚀变花岗岩,岩体破碎带,局部发育小断层及断层破碎带,对隧道结构的安全性具有一定影响。隧道结构完全处于地下水位线以下,隧道衬砌结构外侧长期浸于地下水中或者处于频繁的干湿循环,衬砌结构内外侧所处湿度环境差别较大,衬砌结构干湿循环显著。

3.2.2　耐久性侵蚀环境

混凝土结构所处环境的温度、湿度及二氧化碳对结构耐久性具有明显影响,其中,空气中 CO_2 是引起混凝土碳化及中性化的化学因素。对九号工程隧道内耐久性环境破坏因素调查包括隧道内温度、相对湿度、CO_2 浓度。采用温度计、湿度计及二氧化碳浓度计对温度、湿度及二氧化碳进行测试。侵蚀环境因素调查测试结果表明九号工程隧道所处的环境温度在 23 ～ 24℃,相对湿度在 58% ～ 61% 之间,CO_2 浓度在 $(570 ～ 670) \times 10^{-6}$ 之间,见表 3 - 3。

温度及相对湿度测试结果　　　　　　　　　　　　　　　　表 3 - 3

测试部位	Z0 + 000	Z0 + 500	Z1 + 000	Z1 + 500	Z2 + 000	Z2 + 500	Z3 + 000	Z3 + 500	Z4 + 000	Z4 + 500
温度(℃)	23.4	23.4	23.6	23.4	23.3	23.5	22.9	23.0	23.1	23.3
相对湿度(%)	60.7	59.9	59.9	60.5	58.5	60.3	56.0	59.9	60.4	60.5
CO_2 浓度 ($\times 10^{-6}$)	682.4	682.9	578.9	628.2	594.2	659.4	618.7	624.9	772.2	516.1

15 组水质分析结果表明,地下水对混凝土的腐蚀性变化不大,亦然是对混凝土及混凝土中的钢筋具有弱腐蚀性,侵蚀离子主要为氯离子和硫酸根离子,地下水腐蚀分析结果见表 3 - 4。

地下水水质化验结果(一)　　　　　　　　　　　　　　表 3 - 4

检测项目		检测点	1 Z30 + 030	2 907A	3 909B	4 910A	5 911B
Cl^-	mg/L		150	73.9	278	685	685
	m mol/L		4.24	2.08	7.83	19.3	19.3
SO_4^{2-}	mg/L		39.5	45.3	43.6	49.4	76.6
	m mol/L		0.411	0.471	0.454	0.514	0.797

检测项目	检测点	1 Z30+030	2 907A	3 909B	4 910A	5 911B
HCO_3^-	mg/L	349	291	349	523	291
	m mol/L	5.71	4.76	5.71	8.57	4.76
CO_3^{2-}	mg/L	0	0	0	0	0
	m mol/L	0	0	0	0	0
OH^-	mg/L	0	0	0	0	0
	m mol/L	0	0	0	0	0
Ca^{2+}	mg/L	156	148	217	304	348
	m mol/L	3.9	3.69	5.42	7.59	8.67
Mg^{2+}	mg/L	36.9	15.8	0	79	26.3
	m mol/L	1.52	0.65	0	3.25	1.08
总硬度	m mol/L	5.42	4.34	5.42	10.8	9.75
总碱度	m mol/L	5.71	4.76	5.71	8.57	4.76
CO_2(mg/L)	游离 CO_2	48.4	30.8	35.2	35.2	22
侵蚀性 CO_2		0	0	0	0	0
pH 值		8.43	8.23	7.97	8.27	8.71

地下水水质化验结果（二） 表3-4

检测项目	检测点	6 912B	7 ZY0+000	8 904B	9 905A	10 906B
Cl^-	mg/L	787	125	48.4	58.6	63.7
	m mol/L	22.2	3.52	1.37	1.65	1.8
SO_4^{2-}	mg/L	40.3	39.5	42	45.3	46.9
	m mol/L	0.42	0.411	0.437	0.471	0.489
HCO_3^-	mg/L	96.8	155	136	426	310
	m mol/L	1.59	2.54	2.22	6.98	5.08
CO_3^{2-}	mg/L	0	0	0	0	0
	m mol/L	0	0	0	0	0
OH^-	mg/L	0	0	0	0	0
	m mol/L	0	0	0	0	0
Ca^{2+}	mg/L	261	73.9	43.4	65.2	39.1
	m mol/L	6.5	1.84	1.08	1.63	0.976
Mg^{2+}	mg/L	79	7.9	10.5	2.63	7.9
	m mol/L	3.25	0.325	0.434	0.108	0.325
总硬度	m mol/L	9.75	2.17	1.51	1.74	1.3
总碱度	m mol/L	1.59	2.54	2.22	6.98	5.08
CO_2(mg/L)	游离 CO_2	17.6	8.8	9.68	4.4	6.16
侵蚀性 CO_2		0	0	0	0	0
pH 值		8.41	8.13	8.5	8.36	8.67

地下水水质化验结果(三)   表3-4

检测项目	检测点	11 903A	12 ZZ0+000	13 901A	14 902B	15 Z0+560
Cl^-	mg/L	48.4	63.7	73.9	73.9	58.6
	m mol/L	1.37	1.8	2.08	2.08	1.65
SO_4^{2-}	mg/L	42.8	37.9	41.2	46.1	44.4
	m mol/L	0.446	0.394	0.429	0.48	0.463
HCO_3^-	mg/L	58.1	116	116	116	155
	m mol/L	0.952	1.9	1.9	1.9	2.54
CO_3^{2-}	mg/L	0	0	0	0	0
	m mol/L	0	0	0	0	0
OH^-	mg/L	0	0	0	0	0
	m mol/L	0	0	0	0	0
Ca^{2+}	mg/L	52.1	53	56.5	47.8	60.8
	m mol/L	1.3	1.32	1.41	1.19	1.52
Mg^{2+}	mg/L	5.27	7.38	0	10.5	5.27
	m mol/L	0.217	0.304	0	0.434	0.217
总硬度	m mol/L	1.52	1.62	1.41	1.62	1.74
总碱度	m mol/L	0.952	1.9	1.9	1.9	2.54
CO_2(mg/L)	游离CO_2	13.2	8.8	8.8	10.6	13.2
侵蚀性CO_2		0	0	0	0	0
pH值		7.31	8.01	8.12	8	7.99

地下水水质化验结果(四)   表3-4

检测项目	单位	平均值	最大值	最小值	备注
Cl^-	mg/L	218.2	787.0	48.4	
	m mol/L	6.2	22.2	1.4	
SO_4^{2-}	mg/L	45.4	76.6	37.9	
	m mol/L	0.5	0.8	0.4	
HCO_3^-	mg/L	232.5	523.0	58.1	
	m mol/L	3.8	8.6	1.0	
CO_3^{2-}	mg/L	0.0	0.0	0.0	
	m mol/L	0.0	0.0	0.0	
OH^-	mg/L	0.0	0.0	0.0	
	m mol/L	0.0	0.0	0.0	
Ca^{2+}	mg/L	128.4	348.0	39.1	
	m mol/L	3.2	8.7	1.0	
Mg^{2+}	mg/L	19.6	79.0	0.0	
	m mol/L	0.9	3.3	0.0	
总硬度	m mol/L	4.0	10.8	1.3	
总碱度	m mol/L	3.8	8.6	1.0	
CO_2(mg/L)	游离CO_2	18.2	48.4	4.4	
侵蚀性CO_2		0.0	0.0	0.0	
pH值		8.2	8.7	7.3	

3.2.3　耐久性外观调查

外观调查重点范围包括901A斜隧道、901A－912A段南北线、支隧道、GTL出口竖井及912A出口竖井。部分外观缺陷照片见图3－3。

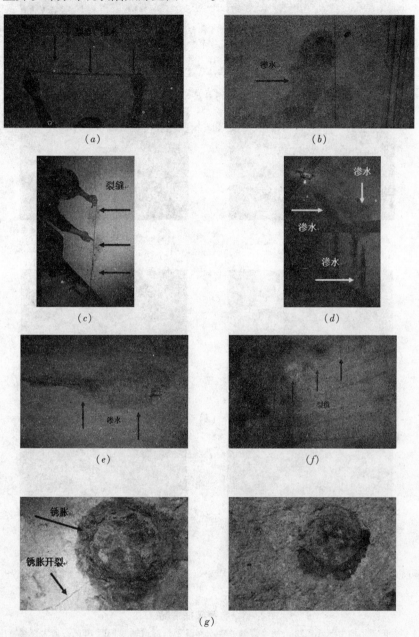

图3－3　典型破损情况(一)

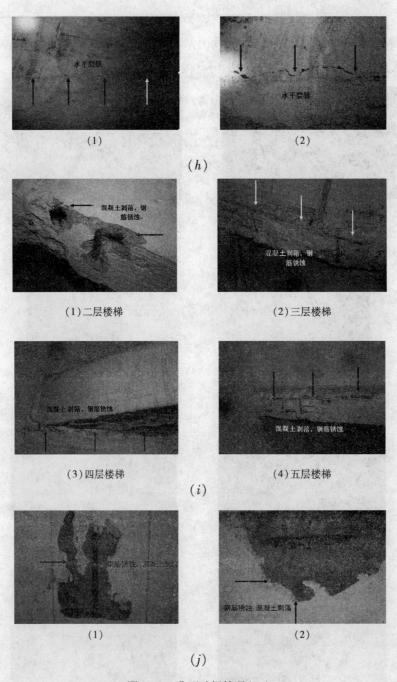

图3-3 典型破损情况(二)

(a)901A斜井隧道结构由下至上72m,边墙裂缝并渗水裂缝平行隧道轴线长度100cm,最大裂缝宽度0.1mm;(b)901A斜井隧道结构由下至上78m拱顶渗水;(c)901A斜井隧道结构由下至上88m右侧,边墙竖向裂缝裂缝长度92cm,最大宽度0.1mm;(d)901A向南起主隧道200~208m处,长约7m右边墙及拱腰渗水;(e)901A向南起主隧道440m拱腰渗水;(f)从901A向南起主隧道848m处,右侧排风岔隧道左拱腰处衬砌水平裂缝,裂缝长度约2m,最大宽度0.1mm;(g)901A向南起主隧道848m处,右侧排风岔隧道边墙钢筋锈胀开裂;(h)901A向南起主隧道2616m处,右侧排风岔隧道左侧拱腰处衬砌水平裂缝,裂缝长度约4m,最大宽度0.2mm,并且渗水;(i)GTL出口立井结构,1~10层楼梯结构1钢筋锈蚀,混凝土剥落;(j)912A出口立井结构钢筋锈蚀,混凝土锈胀开裂

外观调查主要结果如下:

（1）主隧道存在多处有渗水、滴水、抹灰溶解、墙面起泡、发黄、发霉等情况,局部混凝土表面有破损、裂缝、蜂窝麻面等现象。隧道衬砌结构防渗性能差,渗漏衬砌结构长期处于干湿循环状态,对结构耐久性非常不利。隧道衬砌结构存在较多的裂缝,部分段混凝土中的钢筋锈蚀严重。

（2）支隧道存在多处渗水、滴水、抹灰溶解、墙面起泡、发黄、发霉等情况,局部混凝土表面有破损、裂缝、蜂窝麻面等现象。隧道衬砌结构防渗性能很差,渗漏衬砌结构长期处于干湿循环状态,对结构耐久性非常不利。

（3）各出入口楼梯钢筋混凝土结构耐久性破坏严重,钢筋锈蚀膨胀非常严重,混凝土破落随处可见,存在极大安全隐患,已经达不到正常使用要求。

3.2.4 衬砌完整性检测

采用电磁波反射法对坑道全线衬砌病害进行检测,检测了隧道衬砌厚度、隧道衬砌背后回填密实度等病害。沿隧道纵向布置 3 条测线,具体布设在拱顶(测线 D)、左边墙(测线 L)、右边墙(测线 R)位置,测线布置示意见图 3 - 4,部分测试图像见图 3 - 5 所示。

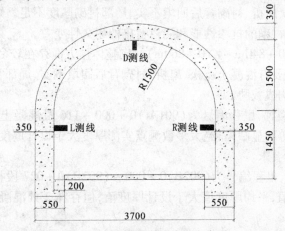

图 3 - 4 地质雷达测线纵向布置

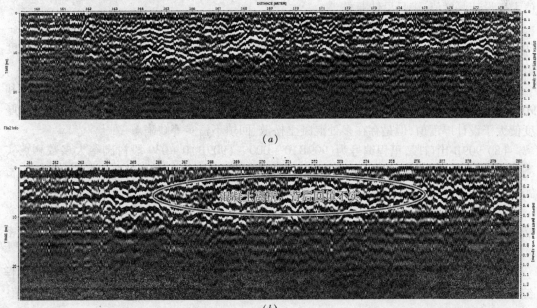

(a)

(b)

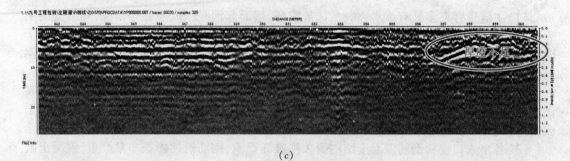

(c)

图 3-5 地质雷达检测图像

(a) Z0+160m~Z0+180m;(b) Z0+260m~Z0+280m;(c) Z0+340m~Z0+360m

衬砌完整性检测结果如下:

(1)主隧道段(Z0+000~Z4+834段)衬砌整体性方面有较多缺陷,部分段存在明显缺陷,主要有混凝土疏松、离析、衬砌背后回填不实、局部衬砌厚度不足。缺陷对隧道安全构成威胁,主要表现在隧道衬砌的抗渗性能和隧道衬砌的耐久性变差。

(2)支隧道段(ZY0+840m~ZY0+860m)衬砌整体性方面存在较多缺陷,部分段存在明显缺陷,存在的缺陷主要有混凝土疏松、离析、衬砌背后回填不实、局部衬砌厚度不足。缺陷对隧道安全及耐久性构成威胁。

(3)901A段出口楼梯,里程编号为(901At)0+000-116段混凝土完整性整体较好,不存在离析、孔洞、松散等明显缺陷,绝大多数测点实测厚度大于设计厚度值,平均厚度值大于设计厚度值,满足设计要求。

(4)902B出口段,里程编号为(902B)0+000~(902B)0+027段衬砌绝大多数测点实测厚度大于设计厚度值,平均厚度值大于设计厚度值,但存在2处混凝土松散、回填不密实等缺陷。

(5)903A出口段,里程编号为(903A)0+000~(903A)0+071段混凝土完整性整体较好,不存在离析、孔洞、松散等明显缺陷,绝大多数测点实测厚度大于设计厚度值,平均厚度值大于设计厚度值,满足设计要求。

(6)907A出口段,里程编号为(907A)0+000~(907A)0+209和(907A)t0+000-(907A)t0+095段衬砌绝大多数测点实测厚度大于设计厚度值,平均厚度值大于设计厚度值,但是存在多处混凝土松散、回填不密实等缺陷。

(7)908A出口段(包括斜井楼梯),里程编号为(908A)0+000~(908A)0+145段和908A出口段支道,里程编号为(908A1)0+000~(908A1)0+013段衬实测衬砌厚度平均厚度值大于设计厚度值,但是存在多处混凝土松散、回填不密实等缺陷。

(8)909B出口段,里程编号为(909B)0+000~(909B)0+039段衬砌绝大多数测点实测厚度大于设计厚度值,平均厚度值大于设计厚度值,但是存在多处混凝土松散、回填不密实等缺陷。

(9)910A出口段,里程编号为(910A)0+000~(910A)0+167段衬砌绝大多数测点实测厚度大于设计厚度值,平均厚度值大于设计厚度值,但是存在多处混凝土松散、回填不密实等缺陷。

(10)911B出口段,里程编号为(911B)0+000~(911B)0+055和911B1出口段、里程编号为(911B1)0+000-(911B1)0+030段衬砌绝大多数测点实测厚度大于设计厚度值,平均厚度值大于设计厚度值,但是存在多处混凝土松散、回填不密实等缺陷。

(11)912A段出口楼梯,里程编号为(912A)0+000~(912A)0+080段混凝土完整性整体较好,不存在离析、孔洞、松散等明显缺陷,绝大多数测点实测厚度大于设计厚度值,平均厚度值大于设计厚度值,满足要求。

(12)GTL竖井0~170段衬砌完整性整体较好,不存在离析、孔洞、松散等明显缺陷,测点实测厚度大于设计厚度值,平均厚度值大于设计厚度值,满足要求。

(13)(zz)0+000~(zz)0+017段衬砌绝大多数测点实测厚度大于设计厚度值,平均厚度值大于设计厚度值,但是存在多处混凝土松散、回填不密实等缺陷。

3.2.5 碳化深度测试结果

采用1%酚酞试剂对九号工程主要混凝土结构、构件的碳化深度进行了测试,测得的碳化深度值统计情况见表3-5所示。

九号工程隧道碳化深度统计 表3-5

碳化深度(mm)	0~1	1~2	2~3	3~4	4~5	5~6	6~7	>7
统计个数	7	1	7	10	15	16	9	10
所占百分比	9%	1%	9%	13%	21%	22%	12%	13%

碳化深度测试结果统计,最小碳化深度为0mm,最大碳化深度为29mm。测试结果还显示,完全碳化深度普遍小于钢筋保护层厚度,混凝土由于碳化引起的中性化尚未到达钢筋表面,九号工程主体隧道结构碳化引起的大面积钢筋锈蚀可能性较小。

3.2.6 混凝土强度测试

影响混凝土耐久性的一个重要因素是混凝土本身的质量。提高密实度而减少混凝土的渗透性可以减缓侵蚀性物质侵入混凝土内部的速度,这与混凝土的强度等级、水胶比等因素有关。在多数的碳化深度计算模型中,都有考虑混凝土强度影响的因子。在计算混凝土氯离子渗透的Fick定律中,也有考虑混凝土强度等级的计算参数。混凝土强度是混凝土质量的综合表现,所以混凝土强度是影响碳化速率,不良物质渗透、抵抗耐久性侵蚀的最主要综合因素。为了进一步调查九号工程隧道结构混凝土强度等级,共钻混凝土芯样14组,进行了混凝土抗压强度试验,见表3-6。

混凝土抗压强度值 表3-6

芯样编号	取样位置	强度值(MPa)	芯样编号	取样位置	强度值(MPa)
4A-1		45.1	3D-1	911B出口段隧道衬砌	50.7
4A-2	902B出口段隧道衬砌	54.0	3D-2		35.7
4A-3		36.4	3D-3		30.4
4B-1		56.9	2A-1		49.1
4B-2	902B出口段隧道衬砌	41.8	2A-2	隧道衬砌	51.4
4B-3		15.2	2A-3		45.2
4C-1		34.5	2B-1		51.8
4C-2	902B出口段隧道衬砌	30.8	2B-2	隧道衬砌	54.1
4C-3		31.4	2B-3		52.0

芯样编号	取样位置	强度值(MPa)	芯样编号	取样位置	强度值(MPa)
4D-1		22.0	2C-1		32.9
4D-2	902B出口段隧道衬砌	25.6	2C-2	隧道衬砌	53.5
4D-3		16.5	2C-3		38.3
3A-1		61.4	2D-1		54.2
3A-2	911B出口段 隧道衬砌	63.8	2D-2	隧道衬砌	45.3
3A-3		65.4	2D-3		56.6
3B-1		55.1	2E-1		48.5
3B-2	911B出口段 隧道衬砌	64.1	2E-2	隧道衬砌	53.6
3B-3		51.3	2E-3		49.7
3C-1		38.7	ZY-1		32.5
3C-2	911B出口段 隧道衬砌	34.3	ZY-2	901A出口	33.0
3C-3		35.3	ZY-3		37.5

试验结果表明,混凝土强度最小值为15.2MPa,最大值为64.1 MPa,实际检测值大于设计值,强度等级能满足要求。隧道衬砌混凝土的抗压强度比原先设计抗压强度高,能满足设计要求,混凝土强度等级离散性较大,反映了混凝土质量不均匀,表现为抗渗性能差。

3.2.7 钢筋锈蚀检测

采用电化学方法对结构中钢筋锈蚀状况进行调查,钢筋锈蚀判断采用美国标准,具体参数见表3-7。主要调查部位包括GTL出口竖井楼梯构件、912A出口立井钢筋混凝土、部分有钢筋隧道主体结构和901A出口斜井。

钢筋锈蚀状况定性评判标准			表3-7
混凝土中钢筋电位(mV)	>-200	-200~-350	<-350
钢筋锈蚀情况	没有发生腐蚀	有腐蚀的可能性	发生腐蚀

912A出口立井钢筋混凝土、部分有钢筋隧道主体结构、909B出口竖井楼梯和901A出口斜井的主要构件钢筋锈蚀情况测试结果见表3-8~表3-11。

909B出口楼梯钢筋锈蚀情况 表3-8

检测部位 及检测构件		测点数 量/点	钢筋电极电位 范围(mV)	钢筋电极 电位均值(mV)	锈蚀状 况判断	备注
一~十层 楼梯	横梁	45	-370~-450	-401	钢筋锈蚀	多处可见
	纵梁	95	-270~-600	-512	钢筋锈蚀严重	多处可见
	楼梯板	37	-175~-367	-320	钢筋可能锈蚀	—

钢筋锈蚀状况测试结果显示909B出口竖井楼梯电极电位值较低,最大值为-401mV,最小值为-512mV,均小于-350mV,依据表3-7标准判断认为:909B出口竖井楼梯主要构件钢筋均发生大面积锈蚀,结构耐久性破坏严重。

912A 立井钢筋锈蚀情况　　　　　　　　　　　　　　表 3 – 9

检测部位 及检测构件		测点数 量/点	钢筋电极电位 范围(mV)	钢筋电极 电位均值(mV)	腐蚀情 况判断	备　注
912A 立井 侧墙	东面	8	– 301 ~ – 750	– 611	钢筋锈蚀严重	纵向钢筋锈胀开裂
	南面	12	– 250 ~ – 524	– 450	钢筋锈蚀	—
	西面	21	– 150 ~ – 403	– 330	钢筋轻微锈蚀	—
	北面	15	– 450 ~ – 610	– 561	钢筋锈蚀严重	纵向钢筋锈胀开裂

测试结果表明 912A 立井电极电位最大值为 – 330mV,最小值为 – 611mV,大部分小于 – 350mV,依据表 3 – 7 标准判断认为:912A 立井钢筋均发生锈蚀,部分锈蚀程度比较严重,对结构不利,耐久性破坏严重。

907A 出口主隧道钢筋锈蚀情况　　　　　　　　　　表 3 – 10

检测部位及构件		测点数 量/点	钢筋电极电位 范围(mV)	钢筋电极 电位均值(mV)	腐蚀状 况判断	备注
907A 出口	测区 1	9	– 150 ~ – 330	– 230	少部分锈蚀	
	测区 2	7	– 210 ~ – 360	– 430	锈蚀	得到验证
	测区 3	10	– 130 ~ – 490	– 450	锈蚀	得到验证

907A 出口处口主隧道钢筋锈蚀情况测试结果显示电极电位最大值为 – 230mV,最小值为 – 450mV,依据表 3 – 7 判断标准,2 号改造口主隧道拱顶部分位置钢筋锈蚀,部分钢筋锈蚀程度轻微,耐久性状况不良。

901A 斜井钢筋锈蚀情况　　　　　　　　　　　　　表 3 – 11

检测部位 及构件		测点数 量/点	钢筋电极 电位范围(mV)	钢筋电极电位 均值(mV)	腐蚀情况判断	备注
901A 出口 斜道衬砌	测区 1	17	– 110 ~ – 200	– 130	没有锈蚀	保护层厚度 100mm
	测区 2	12	– 95 ~ – 163	– 132	没有锈蚀	保护层厚度 100mm
	测区 3	9	– 189 ~ – 400	– 267	部分轻微锈蚀	保护层厚度 100mm
	测区 4	15	– 90 ~ – 150	– 115	没有锈蚀	保护层厚度 100mm
	测区 5	22	– 130 ~ – 246	– 220	没有锈蚀	保护层厚度 100mm

901A 出口斜道衬砌测钢筋锈蚀情况试结果显示电极电位值均高于 – 350mV,依据表 3 – 7 判断标准,901A 出口斜道衬砌测钢筋没有发生锈蚀,耐久性状况良好。这与该段出口 100mm 厚度的保护层有关,厚厚的保护层阻止了地下水和空气中有害物质入侵,很好保护了钢筋。

钢筋锈蚀调查结果与衬砌混凝土质量不均匀性相互对应,发生锈蚀部位的混凝土质量较差,易使地下水中有害物质渗入,碳化速度加快,造成了钢筋锈蚀。

3.2.8 钢筋保护层厚度

采用 Ferro scan200 型钢筋探测仪对隧道衬砌钢筋保护层厚度进行了探测。主要调查部位包括 912A 出口立井、部分隧道衬砌钢筋、909B 出口竖井楼梯和 901A 出口斜井,检测结果见表 3-12。

隧道衬砌钢筋保护层厚度统计值　　　　　　　　　　　　　　表 3-12

检测部位	纵向钢筋布置	保护层厚度(mm)			横向钢筋布置	保护层厚度(mm)		
		设计	样本数(n)	均值		设计	样本数(n)	均值
912A 立井东面墙体	ϕ18@200	30	100	20.6	ϕ16@200	50	160	48.4
912A 立井南面墙体	ϕ18@200	30	44	48	ϕ16@200	50	48	68
912A 立井西面墙体	ϕ18@200	30	80	39	ϕ16@200	50	140	59.8
912A 立井北面墙体	ϕ18@200	30	28	39.8	ϕ16@200	50	30	55.0
901A 斜井衬砌	ϕ22@150	20	100	12.5	—	—	—	—
主体隧道衬砌结构	ϕ18@250	50	25	45	ϕ18@300	70	24	65
909B 出口楼梯横梁	ϕ16@200	42	40	43	ϕ12@150	30	40	21
909B 出口楼梯纵梁	ϕ16@150	42	60	30.2	ϕ12@100	30	60	50.2
909B 出口楼梯楼板	ϕ12@200	20	40	41.3	ϕ12@200	20	40	26

九号工程钢筋混凝土结构钢筋保护层厚度与设计值偏差较大,存在较大的离散性。保护层厚度统计结果说明,由于当时施工水平有限,保护层厚度控制不严格。保护层厚度不足,降低了结构抵抗耐久性腐蚀的能力。

3.2.9 钢筋锈蚀率检测

为了查明锈蚀的钢筋质量损失速度(锈蚀速率),在衬砌破开部位截取锈蚀的钢筋进行除锈称重测量。衬砌内部钢筋取自 907A 出口隧道拱顶部位,裸露钢筋取自 907A 出口斜井外露钢筋。

钢筋试样取回后,裁成每段 200mm 长度的钢筋样品(图 3-6)。首先采用 5% 的 HCl 溶液对样品进行洗锈(图 3-7),直到锈色褪去,再用 10% 的 NaOH 溶液中和形成钝化膜。然后用清水冲洗干净,放在烘箱里面恒温烘干。最后采用天平称重,采用游标卡尺测量钢筋直径和长度,取得测量数据后,按照公称质量计算样品的质量损失率,见表 3-13。

图 3-6　裁取钢筋试样

图 3-7　钢筋试样洗锈

试件编号	钢筋型号直径（mm）	平均测量直径（mm）	直径损失率（%）	试件长度（m）	试件重量（kg）	质量损失率（%）
1	16	15.8	1.1	0.212	0.32	3.7
2	16	15.9	0.6	0.194	0.3	1.3
3	16	15.9	0.4	0.296	0.445	4.1
4	16	15.9	0.8	0.297	0.455	2.3
5	16	15.9	0.8	0.299	0.46	1.9
6	16	15.9	0.6	0.27	0.41	3.1
7	16	15.9	0.8	0.208	0.31	4.9
8	16	15.8	0.8	0.208	0.31	4.9
9	16	15.9	0.8	0.295	0.445	3.8
10	16	15.8	1.0	0.295	0.44	4.8
11	16	15.9	0.6	0.305	0.45	5.9
12	16	15.9	0.6	0.297	0.445	4.4
13	16	15.9	0.7	0.297	0.445	4.4
14	16	15.8	1.0	0.295	0.445	3.8
裸露（A）	22	21.9	0.7	0.27	0.755	5.7
裸露（B）	22	21.8	0.7	0.3	0.835	6.1
裸露（C）	22	21.8	1.0	0.294	0.77	11.6

检测结果表3-13表明隧道衬砌内钢筋样品质量损失率在2%～6%之间,相同大气环境下裸露钢筋样品质量损失率处于5.7%～11.6%之间,混凝土保护层有效延缓了混凝土中钢筋的锈蚀速度。

3.2.10 氯离子含量检测

1. 总氯离子含量测试

大量的试验研究及工程实践表明,只有当混凝土结构中的氯离子含量达到一定界限时,混凝土中的钢筋才能发生锈蚀,这个浓度称为临界氯离子含量 C_{cr},可用总氯离子占混凝土的质量比表示。很多学者对临界氯离子含量 C_{cr} 进行了试验研究,提出了不同看法。其中 R. Browne 提出了一个氯离子含量与钢筋锈蚀危险性对应关系建议值,见表3-14。

钢筋锈蚀危险性与钢筋表层混凝土总氯离子含量关系　　　　表3-14

Cl⁻含量占水泥量（%）	Cl⁻含量占混凝土量（%）	锈蚀危险性（定性判断）
>2.0	>0.36	肯定锈蚀
1.0～2.0	0.18～0.36	很可能锈蚀
0.4～1.0	0.07～0.18	可能锈蚀
<0.4	<0.07	可忽略锈蚀

还有很多学者建议临界氯离子含量值在 0.024% ~ 0.048% 之间。Glass and Buenfeld (1995)在大量文献调研的基础上提出临界氯离子含量值在 0.17% ~ 2.5%(占胶凝材料质量)之间,他们建议欧洲普遍环境下采用 0.4%,比较恶劣的环境下采用 0.2%。

在九号工程钻取混凝土芯样,同时打开隧道衬砌观看钢筋锈蚀外观和测试钢筋锈蚀量,采用化学滴定法测试隧道结构混凝土总氯离子含量。总氯离子含量测试结果见表 3 - 15 所示。

钢筋表层混凝土氯离子含量检测结果 表 3 - 15

芯样编号	样重(g)	总氯离子重(g)	氯离子含量(%)	钢筋锈蚀情况
2A - 1	5.0007	0.0010	0.02	生锈
3A - 2	5.0004	0.0055	0.11	生锈
2B - 1	4.9999	0.0010	0.02	生锈
2B - 2	5.0004	0.0060	0.12	生锈
2C - 1	5.0009	0.0010	0.02	生锈
2C - 3	4.9997	0.0105	0.21	生锈
2D - 1	5.0005	0.0045	0.09	生锈
均值(%)				0.08

因为本试验结果是在氯离子和混凝土碳化综合影响下的锈蚀结果,为了简化分析把碳化影响因素忽略。试验结果表明,所打开的部位钢筋全部已经生锈。混凝土氯离子平均含量为 0.08%。综合考虑,从安全起见认为以混凝土总氯离子含量 0.05% 作为引起钢筋锈蚀的临界氯离子含量 C_{cr}。

2. 氯离子分布含量测试

在钻取的混凝土芯样中进行了化学测试。由于取样条件的限制,仅仅对隧道衬砌内侧壁(临空侧,主要受 CO_2 侵蚀)混凝土进行了钻芯取样,外侧壁(临水面,受地下水腐蚀)的芯样无法施作。由芯样表面至内部每隔 20mm 取样测试了氯离子含量和硫酸根离子含量,经过测试得到各侵蚀离子含量沿混凝土深度变化剖面曲线见图 3 - 8 和图 3 - 9 所示。

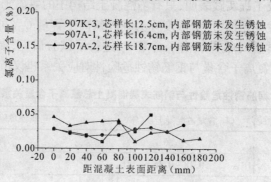

图 3 - 8　氯离子含量沿深度分布

图 3 - 8 可知,氯离子含量随混凝土位置无明显变化,可以认为该部分氯离子非地下水

侵入物质。在所测试的氯离子含量中,最大值为占混凝土质量的 0.041%,占胶凝材料质量的 0.22%。氯离子含量随混凝土表面距离增加而无明显变化,且在芯样 907K－3 和 907A－2 中发现的钢筋光亮如新,未见锈蚀,因此推断认为:在所取 3 个混凝土芯样中都没有受到含有氯盐的侵蚀,即认为混凝土中测试得到的氯离子含量均没有超过临界氯离子浓度值。

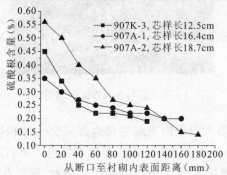

图 3－9　硫酸根离子含量沿深度分布

由图 3－9 可知,在所取 3 个混凝土芯样中,硫酸根离子含量由混凝土表面向内部逐渐减少,这表明混凝土受到了含有硫酸盐的地下水的侵蚀,及硫酸根离子已经侵蚀到该深度。

经过工程调研,对九号工程隧道及其附属结构质量进行综合评价。前期建设缺乏结构耐久性技术要求,目前管理中对地下结构耐久性不够重视。

(1)经过 40 余年的使用,九号工程隧道结构耐久性破坏严重,已经不能满足结构的耐久性使用要求,需要加强维修和养护。

(2)九号工程隧道结构耐久性破坏环境因素主要表现为混凝土碳化、氯离子侵蚀和硫酸根离子侵蚀。其中封闭的地下环境、较高的温度和相对湿度、衬砌结构的干湿循环等因素加快了隧道结构的耐久性破坏。今后的维护,应该尽量弱化这些不利的耐久性破坏因素。

(3)主隧道衬砌病害主要有混凝土疏松、离析、衬砌背后回填不实、局部衬砌厚度不足、渗水等情况,建议对其采取注浆加固方式治理。

(4)各出入口附属结构耐久性破坏严重,已经达到使用寿命极限,部分结构腐蚀变得不完整,存在极大安全隐患。建议对各出入口楼梯进行加固和维修,局部楼梯拆除重建。

3.3　广州地铁一号线隧道耐久性调查

3.3.1　工程概况

广州地铁一号线建成于 1999 年,全长 18.48km,总投资 122 亿人民币。至今已经投入使用 11 年。芳村－黄沙区间隧道结构为明挖矩形混凝土隧道结构(图 3－10),主体结构采用 C25 防水混凝土,外防水采用防水卷材,有腐蚀地段采用全包卷材,无腐蚀地段采用顶板、侧墙设防水卷材。每 15m 设置一条施工缝隙,每 60m 设置一道变形缝。依据资料记载,施工完毕后有些施工缝有渗漏现象,经堵漏整治后,当时基本无渗漏。

图 3 - 10　芳村 - 黄沙区间隧道结构

芳村 - 黄沙区间隧道范围内上覆土层主要为海陆交相冲积层,层厚 1.8 ~ 11.2m,一般厚度 4 ~ 6m,下覆基岩为白垩系上统大朗山组花岗岩红色碎屑岩地层,区间典型的各层岩土物理力学性质参数见表 3 - 16 所示。地质勘察报告显示,靠近花地湾站方向水质具有酸性弱腐蚀性及硫酸弱腐蚀性侵蚀。

隧道区间各土层基本物理力学参数表　　　　　　　　　　　　　表 3 - 16

土层名称	天然容重(kN/m³)	内摩擦角(°)	凝聚力(kPa)	基床系数(MPa/m)	层厚(m)
杂填土	16.5	13.5	12.5	5	1 ~ 3.5
淤泥质黏土	17.3	5.36	6.35	1.5	0 ~ 3.0
黏土	20.4	13.15	23.92	20	0 ~ 4.5
粉质黏土	20.1	20.05	39.01	20	0 ~ 7.5
强风化	21	50		332.6	0 ~ 11.8
中风化	24	55		931	

本次调查检测项目见表 3 - 17 所示。

调查项目　　　　　　　　　　　　　　　　　表 3 - 17

项目编号	项目名称	项目内容	检测方法	单位
1	衬砌完整性	衬砌厚度、填充密实情况、脱空	观察	m
2	外观调查	外观缺陷记录	测量、记录	项
3	水质分析	水质腐蚀性化验	水质分析	组
4	碳化深度	衬砌结构碳化深度	酚酞试剂	组
5	环境因素	CO_2 浓度测试、环境温度和相对湿度	测量、记录	组
6	混凝土强度	回弹检测	超声、回弹	组
7	混凝土强度	抽芯,验证	抽芯	组
8	氯离子含量	混凝土氯离子含量	化学滴定法	组
9	钢筋锈蚀	混凝土中钢筋锈蚀量	电化学法	组
10	钢筋分布	钢筋分布	钢筋扫描仪	组

3.3.2 基本调查结果

1. 隧道外观调查

依据混凝土结构相关的技术标准和规范,对隧道结构进行详细的外观检查,主要调查隧道混凝土裂缝、钢筋锈蚀、地下水渗漏情况,为隧道结构试验的安全性评估提供辅助和参考。首先用目测,发现病害后进行量测和记录。芳村-黄沙区间隧道此次外观调查统计的部分外观缺陷见图 3-11 所示。

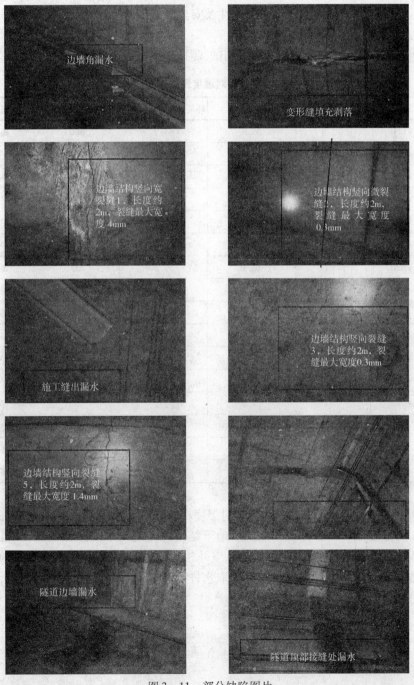

图 3-11 部分缺陷图片

区间隧道结构外观调查显示,隧道整体养护及时。但是隧道存在多处施工缝、沉降缝出漏水,造成道床轨道板多处积水,影响隧道结构耐久性。隧道维护工人反映,该区间穿越珠江江底,接缝处漏水一直严重,尤其是在冬季昼夜温差较大的季节。外观调查还显示,隧道边墙结构存在几处较大的结构裂缝,部分裂缝有水渗出,这对结构安全及耐久性维护构成威胁。依据资料记载,施工完毕后有些施工缝有渗漏现象,经堵漏整治后,当时基本无渗漏。从现时的外观调查结果来看,施工缝有渗漏现象并未得到根本处置,结构长期处于干湿循环状态,目前渗漏依然严重,对隧道结构耐久性及安全造成威胁。

2. 耐久性侵蚀环境调查

CO_2 浓度采用 CO_2 浓度测试仪进行了测试,测试结果见表 3 – 18。

温度及相对湿度测试结果　　　　　　　　　　　　　　　表 3 – 18

检测部位	样本数量	环境温度(°C)	环境相对湿度(%)	CO_2浓度(PPm)	备　注
黄沙 + 060	9	26.6	61.9	666	冬季测试
黄沙 + 120	11	26.8	62.1	637	冬季测试
黄沙 + 180	11	27.3	71.8	684	冬季测试
黄沙 + 240	14	27.6	53.8	658	冬季测试
黄沙 + 300	13	26.9	59.3	672	冬季测试
黄沙 + 360	14	26.8	59.3	679	冬季测试
黄沙 + 420	11	26.1	59.3	651	冬季测试
黄沙 + 480	11	26.2	63.5	647	冬季测试
黄沙 + 540	10	26.3	60.7	718	冬季测试
黄沙 + 600	11	26.5	63.5	664	冬季测试
黄沙 + 660	9	26.8	70.4	666	冬季测试
黄沙 + 720	11	27.4	77.3	667	冬季测试
黄沙 + 780	12	27.6	73.1	666	冬季测试
黄沙 + 840	9	27.7	75.9	672	冬季测试
黄沙 + 900	9	28.3	71.8	723	冬季测试
黄沙 + 960	8	28.3	64.9	670	冬季测试

隧道所处的环境温度在 $26 \sim 28°C$,相对湿度在 46% ~67% 之间。测试分析表明隧道结构所处的 CO_2 浓度在 637 ~723ppm 之间。地下结构封闭空间中的温度较高,并且常年基本稳定。隧道空间的相对湿度远比室外要高,室外相对湿度在 35%,并且受天气影响较大。

在黄沙 - 芳村区间 3 个渗水点附近抽取水样,对地下水水样进行了水简分析。现时地下水腐蚀分析结果见表 3 – 19。

测试项目	黄沙 +060		黄沙 +360		黄沙 +860	
	mg/L	m mol/L	mg/L	m mol/L	mg/L	m mol/L
Cl^-	96.8	2.73	96.8	2.73	224	6.32
SO_4^{2-}	38.7	0.403	39.5	0.411	37.0	0.386
HCO_3^-	96.8	4.59	96.8	1.59	19.4	0.317
CO_3^{2-}	0.00	0.00	00	—	114	1.90
OH^-	0.00	0.00	00	—	00	00
Ca^{2+}	47.8	1.19	43.4	1.08	39.1	0.926
Mg^{2+}	0.00	0.00	2.63	0.108	0.00	0.00
总硬度	—	1.19	—	1.19	—	0.976
总碱度		1.59		1.59		2.22
游离 CO_2	4.40	—	4.40	—		0.00
pH 值	7.71		7.83		8.79	

地下水水质分析表明,与建设初期岩土工程勘察报告提交的水简分析结果相比,水质对钢筋混凝土结构腐蚀程度变化不大。地下水亦然是普遍对钢筋混凝土具有弱腐蚀性,对混凝土腐蚀性不明显。

3. 碳化深度测试结果

沿着从芳村地铁站向黄沙地铁站方向,每隔 60m 设置一个检测断面进行碳化深度测试,检测结果见表 3 – 20 所示。

检测部位	样本数量	碳化深度均值(mm)	CO_2 浓度(PPm)	设计混凝土强度等级	环境相对湿度(%)	环境温度(℃)
黄沙 +060	10	8.7	666	C25	61.9	26.6
黄沙 +120	5	8.3	637	C25	62.1	26.8
黄沙 +180	8	7.4	684	C25	71.8	27.3
黄沙 +240	5	7.9	658	C25	53.8	27.6
黄沙 +300	10	6.4	672	C25	59.3	26.9
黄沙 +360	8	6.7	679	C25	59.3	26.8
黄沙 +420	8	8.4	651	C25	59.3	26.1
黄沙 +480	8	5.8	647	C25	63.5	26.2
黄沙 +540	7	5.7	718	C25	60.7	26.3
黄沙 +600	9	7.3	664	C25	63.5	26.5
黄沙 +660	7	6.7	666	C25	70.4	26.8
黄沙 +720	5	5.8	667	C25	77.3	27.4

检测部位	样本数量	碳化深度均值（mm）	CO_2浓度（PPm）	设计混凝土强度等级	环境相对湿度（%）	环境温度（°C）
黄沙 +780	6	7.6	666	C25	73.1	27.6
黄沙 +840	10	7.9	672	C25	75.9	27.7
黄沙 +900	8	7.8	723	C25	71.8	28.3
黄沙 +960	6	6.6	670	C25	64.9	28.3
平均值		7.2	671.3	C25	65.5	27.1

碳化深度测试结果显示，最小碳化深度 5.8mm，最大碳化深度 8.7mm。测试结果显示，到目前为止完全碳化深度普遍小于钢筋保护层厚度（内侧保护层设计厚度为 30mm），混凝土由于碳化深度尚未到达钢筋表面。由此推测，到目前为止碳化引起的钢筋锈蚀可能性较小。但是考虑到结构出于地下空间封闭状态，CO_2 浓度高、温度稳定偏高，相对湿度较大的环境，这些因素都对混凝土碳化有利，混凝土碳化速度较快。

4. 混凝土强度测试

由于现场取芯困难较大，本次芳村 – 黄沙区间隧道混凝土强度等级测试参考《回弹法检测混凝土抗压强度技术规程》JGJ/T 23 – 2001 进行，测试结果见表 3 – 21 所示。

混凝土强度检测结果　　　　　　　　　　　　　　　　表 3 – 21

检测部位	样本数量	设计强度 f_{cu}（MPa）	检测推测强度 f_{cu}（MPa）	检测部位	样本数量	设计强度 f_{cu}（MPa）	检测推测强度 f_{cu}（MPa）
黄沙 +060	10	16.7	22	黄沙 +540	10	16.7	28
黄沙 +120	10	16.7	20	黄沙 +600	10	16.7	15
黄沙 +180	10	16.7	25	黄沙 +660	10	16.7	24
黄沙 +240	10	16.7	22	黄沙 +720	10	16.7	16
黄沙 +300	10	16.7	22	黄沙 +780	10	16.7	30
黄沙 +360	10	16.7	26	黄沙 +840	10	16.7	17
黄沙 +420	10	16.7	20	黄沙 +900	10	16.7	19
黄沙 +480	10	16.7	19	黄沙 +960	10	16.7	28

试验结果表明，实际检测值大于设计值，强度等级能满足设计要求，下文涉及混凝土强度计算中均采用设计强度。

5. 钢筋锈蚀情况检测

采用电化学方法进行了芳村 – 黄沙区间隧道结构钢筋电极电位测试，钢筋锈蚀判断参考美国标准。电极电位测试结果见表 3 – 22 所示。

隧道结构中钢筋锈蚀情况　　　　　　　　　　　　　　表 3 – 22

测试里程	测点数量/点	钢筋电极电位范围（mV）	钢筋电极电位均值（mV）	腐蚀情况判断
黄沙 +060	8	−415 ～ −168	−307	局部有腐蚀的可能性
黄沙 +120	8	−351 ～ −307	−213	没有腐蚀

测试里程	测点数量/点	钢筋电极电位范围（mV）	钢筋电极电位均值（mV）	腐蚀情况判断
黄沙+180	12	−248～−180	−225	没有腐蚀
黄沙+240	11	−406～−270	−334	局部有腐蚀的可能性
黄沙+300	13	−342～−101	−174	没有腐蚀
黄沙+360	13	−270～−387	−250	没有腐蚀
黄沙+420	12	−478～−88	−336	局部有腐蚀的可能性
黄沙+480	12	−394～−131	−287	没有腐蚀
黄沙+540	14	−336～−155	−239	没有腐蚀
黄沙+600	12	−389～−213	−341	局部有腐蚀的可能性
黄沙+660	13	−269～−177	−201	没有腐蚀
黄沙+720	14	−306～−114	−241	没有腐蚀
黄沙+780	8	−256～−182	−198	没有腐蚀
黄沙+840	10	−328～−75	−239	没有腐蚀
黄沙+900	11	−430～−134	−309	局部有腐蚀的可能性
黄沙+960	12	−441～−211	−329	局部有腐蚀的可能性

测试结果显示芳村－黄沙区间隧道结构钢筋电极电位最大值为−174mV，最小值为−341mV，均小于−350mV。参考表3−7判断标准，可以定性地判断为由于测得的电极电位差值较小，所以芳村－黄沙区间隧道结构钢筋大面积发生已经锈蚀的可能性较低，仅仅局部电极电位值超标，发生了轻微锈蚀。由此进一步判断隧道边墙内侧混凝中碳化深度未能达到钢筋表面，钢筋未能大面积碳化锈蚀，边墙外侧地下水的氯离子、硫酸根离子侵蚀到达钢筋表面的积累浓度小于临界浓度，也未能造成大面积钢筋锈蚀。

6. 钢筋保护层厚度检测

混凝土结构中钢筋保护层厚度是耐久性保障的重要举措，芳村—黄沙区间隧道混凝土保护层厚度设计值内侧为30mm，外侧为50mm。采用 Ferro sacan200 型钢筋探测仪对芳村—黄沙区间隧道结构内侧钢筋保护层厚度进行了探测，每隔60m设置一个检测断面，保护厚度平均检测结果见表3−23。

隧道边墙钢筋保护层厚度统计值　　　　　　　　表3−23

检测部位	保护层厚度（mm）			保护层厚度（mm）		
	设计	样本数（n）	均值	设计	样本数（n）	均值
黄沙+060	30	41	30	30	29	25
黄沙+120	30	32	31	30	32	31
黄沙+180	30	43	30	30	28	34
黄沙+240	30	20	34	30	21	30
黄沙+300	30	46	34	30	25	36

检测部位	保护层厚度（mm）			保护层厚度（mm）		
	设计	样本数（n）	均值	设计	样本数（n）	均值
黄沙+360	30	24	34	30	25	28
黄沙+420	30	20	25	30	36	26
黄沙+480	30	48	25	30	40	33
黄沙+540	30	47	26	30	31	28
黄沙+600	30	40	27	30	36	35
黄沙+660	30	47	32	30	21	25
黄沙+720	30	36	27	30	38	31
黄沙+780	30	40	24	30	28	28
黄沙+840	30	36	27	30	37	34
黄沙+900	30	21	31	30	20	31
黄沙+960	30	36	33	30	27	29

测试结果表明钢筋保护层厚度分布比较离散，测得的离散数据大体呈现出正态分布走势，各测试断面取平均值作为检测的保护层厚度值。检测结构的所有样本空间的平均值作为该类构件钢筋的保护层厚度参考值，为耐久性分析及寿命预测提供计算参数。

7. 总体评价

（1）地铁一号线区间隧道结构耐久性有一定的损害，主要表现为存在多处施工缝、沉降缝漏水，隧道结构长期处于干湿循环状态，对隧道结构耐久性不利。

（2）城市地铁隧道空间相对封闭，隧道结构所处环境与地表大气环境有所不同，表现为CO_2浓度、环境相对湿度和环境温度相对较高，加速钢筋混凝土结构碳化。

（3）地下水水质分析表明，地铁隧道营运一定年限后，水质没有明显改变，对钢筋混凝土具有弱腐蚀性，对混凝土腐蚀性不明显。

（4）应该重视电流对隧道混凝土结构耐久性的损害。

工程调研表明，前期建设缺乏结构耐久性技术要求，管理部门对地下结构耐久性不够重视。广州城市地下结构耐久性状况欠佳，地下结构在综合的环境因素作用下破坏严重，多数已经不能满足耐久性设计要求，存在较大的安全隐患。广州地下结构耐久性状况调查表明，10年以上的地下结构开始进入中度维修期，20年以上的地下结构逐步进入大范围维修时期，城市地下结构耐久性维护压力增大，维修资金明显增加。

3.3.3 电弧损伤

2010年9月，广州地铁1号线农讲所～烈士陵园上行区间K10+840附近发生电弧放电损伤隧道管片事故，对其结构耐久性造成损失。第324环管片（对应里程K10+840）受损最为严重（面向烈士陵园方向，图3-12中的螺栓1）环与环间的连接螺栓被烧断，该螺栓周边混凝土被烧裂形成直径约15cm的通道，通道最深处距管片内表面约23cm。第322环也有1个块与块连接螺栓被烧断（图3-12中的螺栓4）。322至324环管片的止水条变形、失效，出现漏水。

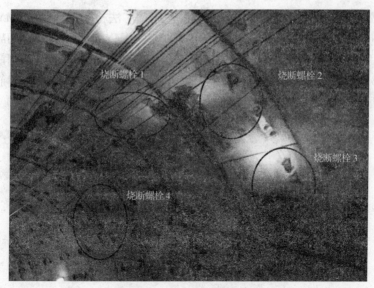

图 3-12　烧断螺栓位置

工程调查认为在该处进行接触网锚端改造施工时,新安装的锚端支架与既有接触网的间距小于安全绝缘距离。既有接触网通电后,产生电弧烧断新安装锚端支架、管片螺栓、电缆支架等。管片螺栓烧断过程中高温引起周边混凝土开裂、剥落,同时引起管片发热导致止水条变形、失效。

烧断螺栓 1 的内部情况

烧断螺栓 1 混凝土剥落、表面黄褐色

烧断螺栓 1 的深度

烧断螺栓 1 的直径

图 3-13　螺栓烧断情况

为评估电弧损伤对管片结构耐久性的影响,采用钻芯法检测了环管片 JMY3 - 4 的混凝土强度(图 3 - 14),并对 JMY1 - 4、JMY2 - 4、JMY3 - 4、JMY4 - 4J、MT2 - 4、JMT3 - 4、JMT4 - 4 环管片采用回弹法混凝土强度检测。另外采用钢筋扫描仪对管片内部钢筋是否熔断进行了检测(图 3 - 15)。检测结果显示混凝土强度等级满足设计要求,管片钢筋未发现明显的熔断异常,暂时对结构安全不构成威胁,但是损害了隧道结构耐久性。

图 3 - 14　损伤管片的混凝土芯样

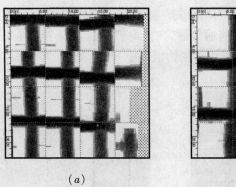

(a)　　　　　　　　　　　　(b)

图 3 - 15　钢筋扫描图像

(a)钢筋扫描图像 1;(b) 钢筋扫描图像 2

3.3.4　杂散电流腐蚀

广州地铁二号线牵引供电系统采用直流 1500V 架空接触网供电制式,以钢轨作为牵引回流的通道。钢轨直接安装在整体道床或碎石道床上,通过防震绝缘垫和道床结构钢筋隔离,实现绝缘。在地铁运营初期,由于绝缘良好,回流电流不会流入地铁建筑结构而没有危害。但在地铁运营过程中,由于污水、灰尘、金属粉末、道渣等吸附在钢轨的防震绝缘垫上,减小了钢轨和整体道床之间的泄漏阻抗,钢轨中的回流通过这些污染物流入到整体道床中,产生杂散电流。杂散电流本身的特性决定杂散电流总是走电阻最小的路径,地铁整体道床、隧道、高架桥内的结构钢筋电阻由于相对较小,从而成为杂散电流的通路。杂散电流进入金属通路时,不会对金属产生腐蚀,但在离开金属通路时通过与金属周围的电解质发生化学反应,对金属造成腐蚀。杂散电流的长期腐蚀,将对地铁得结构钢筋造成危害,降低建筑结构的使用寿命。

对杂散电流的防护实行"以防为主,以排为辅,防排结合,加强监测"的方针。地铁杂散电流防腐蚀对结构钢筋的保护是分层次的,其重要性对地铁结构设施而言的顺序是隧道钢筋、道床钢筋、钢轨。钢轨是经过十几年的运营后的可更换设备,道床钢筋从结构上讲也是可以重修的,而隧道钢筋则无论如何应避免结构性的施工。所以说杂散电流的防护重点是保护隧道钢筋。杂散电流的防护从总体上讲,一方面,应控制全线杂散电流总量上的减少;另一方面,对地铁系统内结构钢筋而言,尽量减少杂散电流流出金属结构的电流密度,阻止杂散电流对钢筋的腐蚀,这是杂散电流防护系统采用的最根本措施。开始发生腐蚀,伴随在金属表面产生钝化层,当钝化层达到一定厚度时,应对各个不同的供电区间,合理选择杂散电流收集网的金属截面使杂散电流的密度控制在钝化作用的范围内。欧洲及德国标准正是根据这种思路,在决定收集网钢筋截面时,按供电区间内杂散电流收集网的纵向电压差不超过100mV为依据的。对于钢筋混凝土结构,在一般干燥的正常条件下,当钢筋对其介质电位小于0.5V时,腐蚀水平在钝化范围内,在非常潮湿或水中,钢筋对介质电位小于0.1V时,腐蚀水平在钝化范围内,对于地铁钢筋结构,一般认为属较潮湿环境,所以将腐蚀电位选择在0.1V的电位水平上。广州地铁一号线道床正是根据这个原则提出了对不同区段钢筋截面的要求。

通过一号线的运营情况表明,广州地铁一号线杂散电流防护总体上很好,但也存在一些问题。其中最严重的是发现在钢轨绝缘结处,由于单向导通装置的存在而在列车经过时产生火花,且发现钢筋绝缘结处有火花闪点烧损现象。所以,尽管从原理上分析可认为以上防护措施对防护珠江隧道沉管比较有利,但从实际运行中产生了新的问题。单向导通装置于1998年12月投入试运行,经过一段时间的试运行,我们发现坑口—花地湾,芳村—黄沙区段内单向导通装置轨缝处有烧伤现象,部分烧伤。

第4章 城市地下结构碳化侵蚀分析

研究成果表明,影响混凝土碳化过程和碳化速度的环境因素比较复杂,主要有:(1)混凝土的强度等级,碳化速度一般随强度等级的提高而降低;(2)CO_2 等酸性气体的浓度,浓度越大,则碳化速度越快;(3)空气湿度,在常压下,碳化速度随湿度的降低而增加,但在饱和干燥情况下,碳化速度较慢。而在干湿交替变化过程中,碳化速度加快;(4)空气温度,温度越高,碳化速度越快,温度和压力的周期变化会加剧混凝土的碳化;(5)混凝土的应力状态,拉应力区的混凝土碳化速度较快,因为拉应力作用下结构的微裂缝给 CO_2 气体提供了通道。

文献调研结果显示[1]~[3]混凝土碳化深度计算模型主要有三类:(1)基于扩散理论建立的模型;(2)基于碳化试验建立的经验模型;(3)基于扩散理论与试验结果的碳化模型。比如,阿列克谢那夫[4]等人根据 Fick 第二扩散定律及 CO_2 在多孔介质中扩散和吸收的特点给出理论数学模型。希腊学者 Papadakis[5] 等人根据 CO_2 及各可碳化物质在碳化过程中质量平衡条件建立偏微分方程组,经求解得到碳化深度计算理论公式。Nishi T.[6] 提出了主要以水胶比为主要参数的碳化模型。朱安民[7]则采用水胶比对传统的碳化模型进行了修正。邱晓坛[8]以水胶比和水泥用量为主要参数提出了实用的碳化模型。许多学者提出了以混凝土抗压强度为参考变量的混凝土碳化预测模型,典型代表有牛狄涛等人[9]。袁群[10]等提出的基于随机时间序列法的碳化深度预报模型 ARIMA(1,1,0)。金伟良[11]等基于函数型神经网络建立的混凝土碳化深度的预测模型。国内外提出的混凝土碳化公式很多,多数以水胶比和水泥用量为参数,各公式参数的物理意义差异较大,适应条件也不尽相同。

4.1 地下结构碳化环境

大气是由多种气体混合组成的气体和悬浮其中的水分及杂质组成,空气的主要成分是氮、氧、氩和 CO_2。这 4 种气体占空气总容积的 99.98%,而氖、氦、氪、氙、氡、臭氧等稀有气体的总含量不足 0.02%(表 4 – 1)。其中 CO_2 在大气中含量甚少,平均为空气总容积的 0.03%。它是通过海洋和陆地中有机物的生命活动、土壤中有机体的腐化、分解以及化石燃料的燃烧而进入大气的。因而,主要集中在大气低层(11~20km 以下)。它是植物进行光合作用的原料,据统计,每年因光合作用用去的 CO_2 占全球 CO_2 总量的 3%。它对太阳短波辐射的吸收性能较差,而对地面长波辐射却能强烈吸收,同时它本身也向外放射长波辐射,因而对大气中的温度变化具有一定的影响。近年来,由于工业蓬勃发展,化石燃料燃烧量迅速增长,森林覆盖面积减少,CO_2 在大气中含量有增加趋势。

城市地下混凝土结构所处环境的温度、湿度对结构耐久性具有明显影响。城市地下结构空间相对封闭,地下结构所处环境与地表大气环境有所不同,表现为 CO_2 浓度、环境相对湿度和环境温度相对较高,有利于钢筋混凝土结构碳化。

气体成分	在干洁空气中含量		分子量	临界温度(℃)
	体积分数	质量分数		
氮 N₂	78.09	75.52	28.02	-147.2
氧 O₂	20.95	23.15	30.00	-118.9
氩 Ar	0.93	1.28	39.88	-122.0
二氧化碳 CO₂	0.03	0.05	44.00	31.0

大气中各气体的成分　　　　　　　　　　　　　　　　　表 4-1

在城市隧道混凝土结构耐久性研究中,城市地下混凝土结构碳化环境作用是指温度、湿度及二氧化碳等综合因素对隧道结构临空侧衬砌结构耐久性破坏作用,表现为保护层混凝土碳化引起的钢筋锈蚀。参考《混凝土结构耐久性设计规范》[12] GB/T 50476-2008,在隧道结构耐久性中可将大气环境作用划分为三个等级,见表 4-2。

碳化环境作用等级　　　　　　　　　　　　　　　　　　表 4-2

环境作用等级	环 境 条 件	结 构 示 例
A	室内干燥环境	常年干燥、低湿度环境中室内构件
	永久的静水浸没环境	所有表面均永久处于静水下的构件
B	非干湿交替的室内环境	中、高湿度环境中的室内构件
	非干湿交替的露天环境	不接触或者偶尔接触雨水的室外构件
	长期浸润环境	长期与水或湿润土体接触的构件
C	干湿交替环境	与冷凝水、露水或与蒸汽频繁接触的室内构件;地下室顶板构件;表面频繁淋雨或频繁与水接触的室外构件;处于水位变动区的构件

城市隧道临空侧衬砌接触的空气环境在完善的通风系统维持下,可以达到与地表大气质量相近。在没有测试条件下,可参考地表大气环境作用因素及等级。隧道结构所处的环境条件与地上结构不一样,隧道内常年温差比较小,空气质量不如地面好,特别是弯曲的隧道或者排气通风不是很通畅的隧道,里面的二氧化碳及其他有害气体的浓度比较高,对混凝土的腐蚀性比较大。

4.2 混凝土碳化机理

4.2.1 碳化机理

实验研究表明,普通硅酸盐水泥水化产物主要由氢氧化钙、水化硅酸钙、水化铝酸钙、水化硫铝酸钙等组成,正常情况下水泥充分水化后孔隙溶液为饱和的氢氧化钙溶液,其 pH 值为 12.5~13.5,呈碱性。

混凝土碳化的化学过程研究表明,混凝土碳化是混凝土中性化过程,是指混凝土中水化产物与大气环境中的二氧化碳发生化学反应生成碳酸钙或者其他碳酸物,致使混凝土碱度降低的复杂物理化学过程。混凝土碳化可使混凝土孔隙溶液的 pH 值从标准的 12.5~13.5

降低到8.5左右。城市地下结构中CO_2通过混凝土的微裂隙通道侵入混凝土内部,溶解于孔隙液相,并与水泥水化碱性产物发生化学反应,生成碳酸钙。混凝土碳化过程的化学反应表达式主要有[13]:

$$CO_2 + H_2O \rightarrow H_2CO_3 \tag{4-1}$$

$$H_2CO_3 \leftrightarrow H^+ + HCO_3^- \tag{4-2}$$

$$Ca(OH)_2 \leftrightarrow Ca^{2+} + 2OH^- \tag{4-3}$$

$$Ca(OH)_2 + H_2CO_3 \rightarrow CaCO_3 + 2H_2O \tag{4-4}$$

$$3CaO \cdot 2SiO_2 \cdot 3H_2O + 3H_2CO_3 \rightarrow 3CaCO_3 + 2SiO_2 + 6H_2O \tag{4-5}$$

$$2CaO \cdot SiO_2 \cdot 4H_2O + 2H_2CO_3 \rightarrow 2CaCO_3 + 2SiO_2 + 6H_2O \tag{4-6}$$

混凝土碳化对耐久性影响具有两重作用,并在双重矛盾中得到平衡。一方面是消极的作用,混凝土碳化降低了混凝土碱度,破坏混凝土钢筋钝化膜(当pH值降低到11.5时,钝化膜就开始破坏[14]),使钢筋形成腐蚀电池,造成钢筋锈蚀。钢筋锈蚀产物体积膨胀(原始产物体积的2~4倍),致使混凝土孔隙胀裂,加快CO_2气体侵入混凝土。另一方面是积极的作用,混凝土碳化产物主要以非溶解性的碳酸钙为主,体积微量膨胀(原始产物体积的17%),致使混凝土部分胶凝孔隙和毛细孔隙堵塞,使混凝土的密实度及强度有所提高,一定程度上阻碍了CO_2向混凝土内部扩散。工程实践及应用表明,从长远来看,消极的一面往往大于积极的一面,在实际工作中,关注混凝土碳化腐蚀对城市地下混凝土结构具有重要意义。

4.2.2 碳化深度测量

对于完全碳化深度的测试,主要依据非碳化区混凝土碱度较高[含有大量$Ca(OH)_2$]遇到酚酞试液呈现出粉红色的原理进行测量。首先在测区表面形成直径为10mm左右的孔洞,其深度应该超过碳化深度,再采用吸球清除孔洞内混凝土粉末,然后滴浓度为1%的酚酞酒精溶液在孔洞边缘,片刻后将在碳化区与非碳化区形成可分辨的分界线。最后采用深度测量工具分界线的垂直深度,每孔测量三次,取平均值作为该测点的完全碳化深度值。测试方法见图4-1所示。

图4-1 碳化深度测试方法

4.3 碳化速度影响因素

多年来学者们对碳化影响因素进行了较多的研究。Tuuti K.[15]研究水胶比对混凝土扩散系数影响,为混凝土 CO_2 及氯离子扩散规律受水胶比影响做了解释。Ho D. W. S[16]、Gjorv O. E.[17]、Dhir R. K.[18]等也进行了水胶比对碳化深度速度影响的试验研究。同时 Dhir R. K.[18]进行了不同水泥品种对碳化深度影响的试验研究。Thomas M. D. A[19]、Hobbs D. W.[20]进行了特殊添加材料对碳化深度影响的试验,特殊材料包括粉煤灰及火山灰。张誉[21]研究了不同水泥掺量混凝土碳化深度影响试验研究。还有许多研究人员对早期混凝土养护时间和养护条件对碳化深度的影响进行了研究,周燕[22]、张令茂[23]分析了混凝土装修层对阻止混凝土碳化的作用。

影响混凝土碳化过程和碳化速度的因素比较复杂,主要因素有:(1)混凝土的强度等级。碳化速度一般随强度等级的提高而降低;(2)CO_2 等酸性气体的浓度。浓度越大,则碳化越快;(3)空气湿度。在常压下,碳化速度随湿度的降低而增加,但在饱和干燥情况下,碳化速度几乎为零,而在干湿交替变化过程中,碳化速度会加快;(4)空气温度。温度越高,碳化速度越快,温度和压力的周期变化会加剧混凝土的碳化;(5)混凝土的应力状态。拉应力区的混凝土碳化速度较快,因为拉应力作用下结构的微裂缝给 CO_2 气体提供了通道;(6)混凝土外加剂的影响。外加剂和外掺材料对混凝土的碳化进程和碳化程度有所影响;(7)混凝土构件的表面涂层。不同的表面涂层措施,在一定程度上降低了碳化速度。

4.4　碳化深度计算模型

混凝土碳化模型主要有 3 类:(1)基于扩散理论建立的理论模型;(2)基于碳化试验建立的经验模型;(3)基于扩散理论与试验结果的综合碳化模型。

4.4.1　理论计算模型[14]

理论模型的优点在于模型的物理意义明确,模型的建立有理论基础,参数的物理意义明确,有利于计算和公式推导。但是理论模型参数不易确定,参数过于简单,难于反映复杂的实际情况。

1. Fick 扩散理论

Fick 第一定律是固体物理学中关于宏观扩散理论的基础,也是 CO_2 在混凝土中扩散计算的理论依据。设 CO_2 扩散沿 X 单方向进行,单位时间内通过垂直于 X 方向的单位面积扩散的量(CO_2 量)决定于混凝土表面 CO_2 浓度 C_0 的梯度,即:

$$D = \sqrt{2kC_0t/m} \tag{4-7}$$

式中　D——混凝土碳化深度;

$\quad\quad k$——扩散系数;

$\quad\quad C_0$——混凝土表面 CO_2 浓度;

$\quad\quad t$——碳化持续时间;

$\quad\quad m$——单位体积混凝土吸收 CO_2 的体积。

这就是碳化深度计算理论公式的原型,以此原型可以推导出其他很多的碳化深度计算理论模型。

2. 阿列克谢耶夫公式

苏联学者阿列克谢耶夫基于扩散理论的理论模型,他认为空气中的 CO_2 向混凝土内的渗透遵循 Fick 第一扩散定律,他认为混凝土碳化深度模型表示为。

$$X = k \cdot \sqrt{t} \tag{4-8}$$

$$k = \sqrt{\frac{2D_e C_0}{M_0}} \tag{4-9}$$

式中　X——碳化深度(mm);

　　　t——碳化时间(年);

　　　k——碳化系数,一般由试验确定;

　　　D_e——CO_2在混凝土中的扩散系数;

　　　C_0——环境中 CO_2 浓度;

　　　M_0——单位体积混凝土吸收 CO_2 的量。

3. Papadakis 公式

希腊学者 Papadakis 等人依据碳化过程中质量平衡守则,得到了另外一个碳化深度计算理论模型:

$$X = \sqrt{\frac{2D_e C_0}{C_{CH} + C_{CSH} + 3C_{C_3S} + 2C_{C_2S}}} \cdot \sqrt{t} \tag{4-10}$$

$$D_e = 1.64 \times 10^{-6} \varepsilon_p^{1.8} (1 - RH)^{2.2} \tag{4-11}$$

式中　C_{CH}——Ca(OH)物质浓度;

　　　C_{CSH}——CSH 物质浓度;

　　　C_{C_3S}——C_3S 物质浓度;

　　　C_{C_2S}——C_2S 物质浓度;

　　　RH——环境相对湿度;

　　　ε_p——已碳化混凝土的孔隙率。

4.4.2　经验计算模型

经验模型是以快速碳化试验与室外暴露试验,以及实际工程碳化调查为基础而建立,对条件类似的实际工程有较大实用意义,经验模型公式的计算一般较为方便。

1. 牛荻涛公式

西安建筑科技大学牛荻涛教授[9]在大量实验和检测数据统计分析的基础上认为混凝土碳化是一个随机过程。统计结果显示碳化深度的概率分布呈现出明显的正态分布特点,概率密度函数为:

$$f_x(x,t) = \frac{1}{\sqrt{2\pi}\sigma_X(t)}\exp\left\{-\frac{[x - \mu_X(t)]^2}{2[\sigma_X(t)]^2}\right\} \tag{4-12}$$

式中　$\mu_X(t)$——混凝土碳化深度平均值函数;

　　　$\sigma_X(t)$——混凝土碳化深度标准差函数。

从碳化理论模型出发,在考虑碳化位置、养护浇筑面、工作应力状态和环境因素等共同作用影响,牛荻涛教授[9]提出了预测混凝土碳化深度的多系数随机模型。

$$X = k\sqrt{t} \tag{4-13}$$

$$k = 2.56 K_{mc} k_j k_{CO_2} k_p k_s k_e k_f \tag{4-14}$$

式中　k_{mc}——计算模式不定性随机变量;

k_j——角部修正系数，角部混凝土 $k_j = 1.4$，非角部混凝土 $k_j = 1.0$；

k_{CO_2}——CO_2 浓度影响系数，可以采用下式计算；

$$k_{CO_2} = \sqrt{\frac{C_{CO_2}}{0.03}} \tag{4-15}$$

式中　C_{CO_2}——环境 CO_2 浓度（%）；

k_p——浇筑面修正系数，对于浇筑面 $k_p = 1.2$；

k_e——工作环境因素影响系，计算公式如下；

$$k_e = 2.56 \sqrt[4]{T}(1 - RH)RH \tag{4-16}$$

k_f——混凝土质量影响系，通过在标准环境下的实验统计拟合得到如下经验公式；

$$k_f = \frac{57.94}{f_{cuk}} - 0.76 \tag{4-17}$$

式中　k_s——工作应力影响系，受拉 $k_s = 1.1$，受压 $k_s = 1.0$；

T——环境年平均温度（℃）；

RH——环境年平均相对湿度（%）；

f_{cuk}——混凝土立方体抗压强度标准值。

综合得到：

$$k = 2.56 K_{mc} k_j k_{CO_2} k_p k_s \sqrt[4]{T}(1 - RH)RH \left(\frac{57.94}{f_{cuk}} - 0.76 \right) \tag{4-18}$$

理论推导得到碳化深度平均值函数及标准差函数为：

$$\mu_X(t) = \mu_k \sqrt{t} \tag{4-19}$$

$$\sigma_X(t) = \sigma_k \sqrt{t} \tag{4-20}$$

式中　μ_k——碳化系数均值；

σ_k——碳化系数标准差。

$$\mu_k = 2.56 \mu_{K_{mc}} k_j k_{CO_2} k_p k_s \sqrt[4]{T}(1 - RH)RH \left(\frac{57.94}{f_{cuk}} - 0.76 \right) \tag{4-21}$$

$$\sigma_k = \sqrt{\left(\frac{\partial k}{\partial K_{mc}} \Big|_\mu \right)_m^2 \sigma_{K_{mc}}^2 + \left(\frac{\partial k}{\partial f_{mc}} \Big|_\mu \right)_m^2 \sigma_{f_{mc}}^2} \tag{4-22}$$

式中　$\mu_{K_{mc}}$——碳化深度计算模式不确定系数的平均值；

$\sigma_{K_{mc}}$——碳化深度计算模式不确定系数的标准差；

$\sigma_{f_{mc}}$——混凝土抗压强度的标准差。

2. 张誉公式

张誉教授[21]基于碳化机理及影响因素分析后，结合实验结果提出了混凝土碳化深度计算经验公式：

$$X = k_{RH} k_{CO_2} k_T k_s \times 839 (1 - RH)^{1.1} \sqrt{\frac{\frac{W}{C \cdot \gamma_c} - 0.34}{\gamma_{HD} \cdot \gamma_c \cdot C}} \cdot \sqrt{C_{CO_2}} \cdot \sqrt{t} \tag{4-23}$$

式中　k_{RH}——环境湿度影响系数；

k_{CO_2}——CO_2 浓度影响系数；

k_T——环境温度影响系数；

k_s ——混凝土应力状态影响系数;

γ_{HD} ——水泥水化程度修正系数,90 天养护可取 1.0,28 天养护可取 0.85;

γ_c ——水泥品种修正系数,硅酸盐水泥取 1.0;其他水泥取 1.0 – 掺合料含量;

R_H ——环境年平均相对湿度(%)。

3. Smolczyk 公式

Smolczyk 基于混凝土抗压强度提出的其碳化深度计算公式。

$$X = 250 \cdot \left(\frac{1}{\sqrt{f_c} - \sqrt{f_g}} \right) \cdot \sqrt{t} \tag{4 – 24}$$

式中　X ——碳化深度(mm);

t ——碳化时间(年);

f_c ——混凝土碳化后抗压强度标准值;

f_g ——混凝土不碳化抗压强度极限值。

4. 龚洛书公式

龚洛书在综合考虑影响碳化速度的各种因素后,提出了多系数碳化预测公式。

$$X = k_c \cdot k_w \cdot k_f \cdot k \cdot k_g \cdot k_y \cdot \alpha \sqrt{t} \tag{4 – 25}$$

式中　X ——碳化深度(mm);

t ——碳化时间(年);

α ——混凝土碳化速度系数,对普通混凝土取 2.32,对轻骨料混凝土取 4.18;

k_c ——水泥用量影响系数;

k_w ——水胶比影响系数;

k_f ——粉煤灰取代量影响系数;

k ——水泥品种影响系数;

k_g ——骨料品种影响系数;

k_y ——养护方法影响系数。

5. 邱小坛公式[8]

中国建筑科学研究院邱小坛通过大量混凝土碳化试验研究数据提出了基于混凝土抗压强度的经验模型。

$$X = \alpha_1 \cdot \alpha_2 \cdot \alpha_3 \cdot \left(\frac{60.0}{f_{cuk}} - 1.0 \right) \cdot \sqrt{t} \tag{4 – 26}$$

式中　X ——碳化深度(mm);

t ——碳化时间(年);

f_{cuk} ——混凝土抗压强度标准值;

α_1 ——养护条件修正系数,取值见表 4 – 3;

α_2 ——水泥品种修正系数,普通硅酸盐取值 1.0,矿渣水泥取值 1.3;

α_3 ——环境条件修正系数,对于工业建筑取值见表 4 – 4,对于民用建筑取值见表 4 – 5。

养护条件修正系数 表4-3

标养时间(d)	1	3	7	14	28
矿渣水泥	2.34	1.81	1.43	1.27	1.0
普硅水泥	2.44	1.65	1.43	1.19	1.0
平均值	2.39	1.73	1.43	1.23	1.0
α_1	2.40	1.75	1.50	1.25	1.0

工业建筑环境条件修正系数 表4-4

地 区		北京	西宁	杭州	贵阳
α_3	室内	1.32	1.05	1.15	1.15
	室外	0.96	0.86	0.96	0.73

民用建筑环境条件修正系数 表4-5

地 区		北京	济南	武汉	长春	兰州	贵阳
α_3	室内	1.00	2.03	0.74	1.26	1.11	0.88
	室外	0.85	0.75	0.59	0.84	0.86	0.48

6. 黄士元公式[24]

黄士元在分析碳化深度影响因素的基础上,提出了考虑水胶比的碳化深度计算经验公式:

当水胶比 $W/C > 0.6$ 时

$$X = k \times 104.27 k_c^{0.54} \cdot k_w^{0.47} \sqrt{t} \qquad (4-27)$$

当水胶比 $W/C \leqslant 0.6$ 时

$$X = k \times 73.54 k_c^{0.83} \cdot k_w^{0.13} \sqrt{t} \qquad (4-28)$$

$$k_c = (-0.0191C + 9.311) \times 10^{-3} \qquad (4-29)$$

$$k_w = \left(9.844 \frac{W}{C} - 2.982\right) \times 10^{-3} \qquad (4-30)$$

式中 X——碳化深度(mm);

k——水泥品种影响系数,对于普通硅酸盐水泥取1.0,矿渣水泥取1.43,掺粉煤灰硅酸盐水泥取1.56,掺粉煤灰矿渣水泥取1.78;

k_c——水泥用量影响系数;

k_w——水泥品种影响系数。

7. 岸谷孝一公式

岸谷孝一基于实验结果及统计分析,提出了考虑混凝土水胶比的经验计算模型。

当水胶比 $W/C > 0.6$ 时

$$X = r_c r_a r_s \sqrt{t} \sqrt{\frac{\frac{W}{C} - 0.25}{0.3\left(1.15 + 3\frac{W}{C}\right)}} \qquad (4-31)$$

当水胶比 $W/C \leqslant 0.6$ 时

$$X = r_c r_a r_s \left(1.71\frac{W}{C} - 0.66\right)\sqrt{t} \qquad (4-32)$$

式中　W/C——混凝土水胶比；

　　　r_c——水泥品种影响系数；

　　　r_a——骨料品种影响系数；

　　　r_s——混凝土添加剂影响系数。

4.4.3　实例分析

为了验证常用碳化公式在广州地区地下结构中的适应性,抽取了九号工程部分混凝土构件检测结果(表4-6)进行评价。

九号工程隧道结构碳化深度测试结果(t =41a)　　　　表4-6

检测部位	样本数量	碳化深度均值(mm)	CO_2浓度(PPm)	混凝土强度等级	环境相对湿度(%)	环境温度(℃)
912A 立井井壁	25	12.5	720	C20	60.7	23
909B 出口楼梯	32	10.1	659	C20	58.0	23
901A 斜井隧道衬砌	57	8.6	552	C20	60.5	23
911B 通风分岔隧道衬砌	15	6.4	628	C20	58.5	23
主体隧道衬砌结构	35	6.1	578	C20	60.0	23

依据九号工程试验数据,通过反演分析 Fick 模型、牛狄涛模型和邱晓坛模型在广州地区地下结构工程中混凝土碳化深度预测的适应性,模型反算结果见表4-7~表4-11。

Fick 第一定律模型主要困难为参数难于确定,依靠实测碳化深度值反算确定的参数值离散很大,故而在实际工程应用中还有比较大的难度。邱小坛预测模型在 Fick 模型的基础上对混凝土强度和环境特点采用经验系数累积法进行了修正,该模型具有一定的灵活性。牛荻涛经验模型理论基础较好,物理量的概念明确,考虑了多种因素综合作用,考虑问题比较全面。在经验积累较多,工程调查比较充分的区域及类似工程中具有较高的应用价值和参考意义。

Fick 模型碳化深度计算结果分析　　　　表4-7

计算构件	参数[$k(10^{-3})$]	参数(C_0)	参数(m)	参数(t)	计算值(mm)	实测值(mm)
912A 立井井壁	0.059	720	0.0216	40	9.0	12.5
909B 出口楼梯	0.042	659	0.0216	40	7.0	10.1
901A 斜隧道衬砌	0.048	552	0.0288	40	5.0	8.6
911B 通风分岔隧道衬砌	0.023	628	0.0288	40	5.2	6.4
主体隧道衬砌结构	0.023	578	0.0288	40	5.0	6.1

广州地下结构碳化深度预测模型参数推荐值　　表 4-8

参数	参数 $[k(10^{-3})]$	参数 (C_0)	参数 (m)	参数 (t)	—	—
建议值	0.05	取实测值	与水泥用量相关	实际服务年限		

注:k—扩散系数;C_0—混凝土表面 CO_2 浓度;t—碳化持续时间;m—单位体积混凝土吸收 CO_2 的体积。

牛氏模型碳化深度计算结果分析　　表 4-9

计算构件	参数 (k_{mc})	参数 (k_j)	参数 (k_{CO_2})	参数 (k_p)	参数 (k_e)	参数 (k_f)	参数 (k_s)	计算值 (mm)	实测值 (mm)
文化公园立井井壁	0.7	1.0	与实测浓度相关	1.2	与温度相对湿度相关	与抗压强度标准值相关	1.0	12.2	12.5
GTL出口楼梯	0.6	1.4	与实测浓度相关	1.2	与温度相对湿度相关	与抗压强度标准值相关	1.0	10.7	10.1
梓园岗斜隧道衬砌	0.6	1.0	与实测浓度相关	1.2	与温度相对湿度相关	与抗压强度标准值相关	1.0	9.2	8.6
大德路通风分岔隧道衬砌	0.4	1.0	与实测浓度相关	1.2	与温度相对湿度相关	与抗压强度标准值相关	1.0	7.0	6.4
主体隧道衬砌结构	0.4	1.0	与实测浓度相关	1.2	与温度相对湿度相关	与抗压强度标准值相关	1.0	6.4	6.1

广州地下结构碳化深度预测模型参数推荐值　　表 4-10

—	参数 (k_{mc})	参数 (k_j)	参数 (k_{CO_2})	参数 (k_p)	参数 (k_e)	参数 (k_f)	参数 (k_s)	—	—
—	0.5~0.8	1.0	与实测浓度相关	1.2	与温度、相对湿度相关	抗压强度标准值相关	1.0	—	—

注:k_{mc} 为计算模式不定性随机变量;k_j 为角部修正系数,角部混凝土 $k_j=1.4$,非角部混凝土 $k_j=1.0$;k_{CO_2} 为 CO_2 浓度影响系数;k_p 为浇筑面修正系数,对于浇筑面 $k_p=1.2$;k_e 为工作环境因素影响系;k_f 为混凝土质量影响系;k_s 为工作应力影响系,受拉 $k_s=1.1$,受压 $k_s=1.0$。

邱氏模型碳化深度计算结果分析　　表 4-11

计算构件	参数 (f_{cuk})	参数 (a_1)	参数 (a_2)	参数 (a_3)	参数 (t)	计算值 (mm)	实测值 (mm)
912A 立井井壁	13.4	1	1	0.6	40	7.5	12.5
909B 出口楼梯	13.4	1	1	0.5	40	5.3	10.1
901A 斜隧道衬砌	13.4	1	1	0.4	40	4.6	8.6
907B 通风分岔隧道衬砌	13.4	1	1	0.3	40	4.0	6.4
主体隧道衬砌结构	13.4	1	1	0.3	40	3.1	6.1
广州地区计算参数推荐值(适合地下结构环境特点)						—	—
—	参数 (f_{cuk})	参数 (a_1)	参数 (a_2)	参数 (a_3)	参数 (t)	—	—
—	—	1	1	0.6	—	—	—

注:t—为碳化时间(年);f_{cuk}—为混凝土抗压强度标准值;a_1—为养护条件修正系数;a_2—为水泥品种修正系数;a_3—环境条件修正系数。

牛荻涛随机模型在地下结构碳化预测中适应性较好,城市地下结构耐久性评估中,可考虑牛荻涛随机模型,其次考虑 Fick 预测模型。

4.5 地下结构防碳化措施

防止碳化的具体思路是采取全面封闭的思路,对于城市地下结构如何防止混凝土碳化,可以从以下几个方面进行。

4.5.1 混凝土保护层质量

一方面保证保护层的厚度,在施工过程中应避免保护层厚度出现负偏差即保证保护层的设计厚度。要达到这目标只要事先根据图纸预制好保护层垫块,按规范施工。另一方面要提高混凝土表面质量,避免出现各类表面缺陷。任何混凝土表面缺陷都是对混凝土保护层的质量直接损害,进而损害了混凝土的耐久性。保护层质量主要指其致密性,在施工中可以采取改进的新型模板技术。对于预制管片隧道,可以采用改进蒸养工艺,以增加混凝土保护层的致密性。

4.5.2 表面涂层封闭技术

采用气密性好、粘结性好的防碳化涂料对整个混凝土结构进行全面封闭,以防止空气中的 CO_2 侵蚀。表面涂层防腐是一种简便而有效的防腐措施。它的防腐机理就是物理隔绝腐蚀因子的侵入,与提高混凝土保护层厚度和增加混凝土的致密性具有同样道理。对于大量已经建成的城市隧道混凝土结构,采用防碳化涂层是良好的技术措施。比如改性的 AEV 聚合物乳液,与混凝土的粘结强度达到 0.2MPa,防碳化能力比普通混凝土提高 10 倍以上,有实验数据表明不使用涂料的混凝土碳化深度为 20mm,使用了 AEV 涂料的混凝土碳化深度小于 2mm。李金玉[25]等人对常见涂料对混凝土碳化保护作用进行了快速碳化实验研究,实验结果如表 4 - 12。

涂料对混凝土碳化的影响[25]   表 4 - 12

涂料种类龄期(d)	无涂料	FAEP	585 号	ES	CSPE	BC	CS
3	2.4	0	0	0	0	0	0
7	3.9	0	0	0	0	0	3.4
14	10.9	0	0	0	0	0	0.7
28	19.7	0	0	0	0.5	1.7	1.9

实验结果说明,防碳化涂料对混凝土的碳化进程起到了明显的制约作用,效果显著。在选择碳化涂层材料时,涂料应该具有如下性能:

(1)防碳化涂料本身应该具有良好的耐久性,保证碳化材料本身在 20～30 年内有效,在有效使用期限内不出现破损缺陷:开裂、起泡、剥落。这点可以采用加速的化学老化实验,对其耐久性性进行评价。

(2)防碳化涂料与混凝土表面具有良好的粘结性。涂料与混凝土表层具有一定的粘结强度,保证涂层能牢固粘附在混凝土表层。可采用拉断的"8"字模型砂浆试件,用涂料粘结端口后再测试涂料的粘结强度指标,以实验数据评价涂料与混凝土表层的粘结强度。李金玉测试的几种常用涂料与混凝土表面粘结强度实验数据为表 4 - 13。

常用涂料与混凝土表面粘结强度[25]						表4-13
涂料种类	CS	BC	ES	CSPE	FAEP	585号
粘结强度(MPa)	0.15	0.25	0.97	0.49	4.47	5.29

注:CS——水泥基涂料,具有良好的性价比;BC——丙烯酸酯;ES——丙烯酸酯共聚乳液;CSPE——氯磺化聚乙烯;FA-EP——呋喃环氧树脂;585号——585号不饱和聚酯。

(3)涂料必须具有一定的抵抗温度变化的变形能力,使其在温度变化时不至于开裂。还有涂料在施工过程中必须保证对人体危害不大,对环境污染程度小,在施工中便于配置和涂抹。抵抗温度变化性能可在混凝土试块上涂抹防碳化涂料,然后使其经历低于80℃温度高低温循环,几个循环后观看涂层的完整性。高低温循环时,可考虑工程现场的极限温度选定,高温适当高于工程所在环境温度大于10℃,低温设置为工程所在环境最低温度以下10℃。

(4)考虑到隧道结构多处于地下水位以下,防碳化涂料还需要具有一定防水性能。

4.5.3 混凝土外掺剂

混凝土中掺入适量的粉煤灰可以抑制混凝土碳化速度。有试验研究表明,当水胶比为0.3,粉煤灰取代率为0~50%时,混凝土的7d、14d、28d的炭化深度均为0。当混凝土达到一定强度,粉煤灰取代率在0~50%内,炭化不再是主要考虑的问题。因为,当CO_2气体浓度一定时,其扩散速度主要取决于混凝土本身的密实度。高强粉煤灰混凝土主要水化产物是低钙硅比的水化硅酸钙凝胶、少量的氢氧钙石和水化铝酸钙,其微观结构非常致密,总孔隙体积大幅降低,导致CO_2很大程度上不能深入混凝土内部碳化无法进行。因此,掺入适量的粉煤灰可能抑制混凝土碳化速度。

在城市地下结构混凝土结构中,商品混凝土中掺入适量的粉煤灰,这对地下结构防止碳化有利。

主要参考文献:

[1]金伟良,赵羽习.混凝土结构耐久性[M].北京:科学出版社,2002.

[2]屈文俊,白文静.风压加速混凝土碳化的计算模型[J].同济大学学报,2003,31(11):1280-1284.

[3]李果,袁迎曙,耿欧.气候条件对混凝土碳化速度的影响[J].混凝土,2004,181(11):49-52.

[4]阿列克谢耶夫著,黄可信,吴兴祖等译.钢筋混凝土结构中钢筋腐蚀与保护[M].北京:中国建筑工业出版社,1983.

[5]PaPadkis Vagelis G.,Vayenas Costas G.,Fardis Miehael N. Fundament modeling and experimental investigation of concrete carbonation[J]. AC Materials Journal,1991,88(4).

[6]Nishi T.,Matsuda M.,Chirro K.. Reduction of cesium leachability from cementitous resin forms using natural acid clay and zeolite. Cement and Concrete Research, v 22, n 2-3, p 387-392, Mar-May 1992.

[7]朱安民.混凝土碳化与钢筋混凝土耐久性[J].混凝土,1992(2).

[8]邱小坛,周燕.大气环境下钢筋锈蚀规律的研究.第四届全国耐久性学术交流论文集.苏州,1996.

[9]牛狄涛.混凝土结构耐久性与寿命预测[M].北京:科学出版社,2003.

[10]袁群,赵国藩.混凝土碳化深度随机时间序列预报模型[J].大连理工大学学报,2005,05,Vol40(3):343-346.

[11]金伟良,吕清芳. 混凝土结构耐久性设计方法与寿命预测研究进展[J]. 建筑结构学报,2007,28(1).

[12]国家标准.《混凝土结构耐久性设计规范》GB/T 50476 - 2008.

[13]洪定海. 混凝土中钢筋的锈蚀与保护[M]. 北京:中国铁道出版社,1998.

[14]刘秉京编著. 混凝土结构耐久性设计[M]. 北京:人民交通出版社,2007.

[15]K. Tuutti, Effect of cement type and different additions on service life, in: R. K. Dhir, M. R. Jones (Eds.), Concrete 2000, vol. 2, E& FN Spon, London UK, 1993, pp. 1285 - 1296.

[16]Ho D. W. S. Performance specification for durable concrete[J]. Construction and Building Materials, v 10, n 5, p 375 - 379.

[17]Gjorv O. E., Long - time of Durability of Concrete in Seawater [J], ACI Materials Journal,1997, 94(2): 60 - 67.

[18]Dhir R. K., Jones M. R., Ahmed H. E. H., etal. Rapid estimation of chloride diffusion coefficient in concrete[J]. Magazine of Concrete Research,1990,42(152):177 - 185.

[19]Thomas M. D. A. Chloride thresholds in marine concrete[J]. Cement and Concrete Research,1996(4).

[20]D. W. Hobbs, M. G. Taylor, Nature of the Thaumasite Sulfate Attack Mechanism in Field Concrete[J], Cement and Concrete Research. 2040, 30(4): 1029 - 1033.

[21]张誉,蒋利学等. 混凝土结构耐久性概论[M]. 上海:上海科学技术出版社,2003.12.

[22]周燕等. 混凝土外加剂的发展与存在问题研究[J]. 建筑工程,2009,10.

[23]张令茂. 建筑材料[M]. 北京:中国建筑工业出版社,1962.

[24]黄士元,蒋家奋等编著. 近代砼技术[M]. 西安:陕西科技出版社,1998.

[25]李金玉等. 水工混凝土耐久性的研究和应用[M]. 北京:中国电力出版社,2004.

第5章 城市地下结构氯盐侵蚀劣化

5.1 氯盐危害及侵蚀机理

5.1.1 氯盐危害

氯盐侵蚀危害严重,导致的经济损失巨大[1][2]。美国20世纪90年代混凝土基础设施工程造价是6万亿美元,每年的维护修理费用约为3000亿美元,其中铁路由于钢筋锈蚀每年维修费用约200亿美元。1975年,由于腐蚀引起的损失达700亿美元,1985年则达1680亿美元。最普遍的耐久性破坏形式是混凝土桥梁、路面、停车场及海港结构中的钢筋锈蚀,每年总损失高达1260亿美元。调查50万座公路桥梁中,20万座桥梁已有不同程度损害,仅撒化冰盐引起的钢筋锈蚀每年损失就达10亿美元。

英国截止1980年[3][4],因钢筋锈蚀有50万座桥梁面板需要维修。根据运输部门1989年的报告,英格兰和威尔士有75%的钢筋混凝土桥梁受到氯离子侵蚀,维护维修费用是原来造价的200%。英国英格兰岛中部环形快车道上11座混凝土高架桥,初建费用为2800万英镑,到1989年,维修共耗资4500万英镑,是当初建造费用的1.6倍,预计以后15年内还要耗资1.2亿英镑,累积接近初始造价的6倍。为解决海洋环境下钢筋混凝土结构锈蚀与防护问题,每年花费近20亿英镑。

日本约有21.4%的钢筋混凝土结构损失是因钢筋锈蚀引起的[5]。新干线使用不到10年,就出现大面积混凝土开裂、剥落现象。在瑞士,由于使用除冰盐导致钢筋锈蚀,每20年就有3000座桥梁需要维修。国外学者用"五倍定律"形象地描述,即设计时对钢筋防护方面节省1美元,那么钢筋锈蚀时采取措施将追加维修费5美元,混凝土表面顺筋开裂时采取措施将追加维修费25美元,严重破坏时采取措施将追加维修费125美元。

隧道结构因耐久性损伤造成破坏、使用性能降低的现象在中国也广泛存在[6]。据1998年统计,我国铁路隧道受腐蚀裂损的有734座,占隧道总数的13.2%。严重的如成昆铁路的某些区段,交付使用仅3年,就有22座发生化学腐蚀。到1978年普查,有的腐蚀深度已达30mm以上,有的隧道底部隆起达330mm。氯盐侵蚀引起的隧道结构耐久性问题突出,值得引起重视。

一些国家对混凝土腐蚀造成的经济损失及其在国民生产总值中所占的比重进行了统计,统计结果见表5-1。

混凝土耐久性破坏造成的经济损失 表 5 - 1

国 家	统 计 年 份	年直接经济损失	占 GDP 比例(%)
美国	1949	55 亿美元	2.59
	1975	820 亿美元	4.9
	1995	3000 亿美元	4.2
	1998	2757 亿美元	2.76
前苏联	1975	231 亿美元	2.0
	1985	400 亿卢布	
前联邦德国	1968 ~ 1969	190 亿马克	3.0
	1982	450 亿马克	
日本	1975	25509.3 亿日元	
	1997	39376.9 亿日元	
英国	1957	6 亿英镑	
	1969	13.65 亿英镑	3.5
加拿大	1965	10 亿美元	
澳大利亚	1973	4.7 亿澳元	
	1982	20 亿美元	
	1999	250 亿美元	1.5
瑞典	1986	350 亿瑞典法郎	4.2
印度	1960 ~ 1961	15 亿卢比	
	1984 ~ 1985	400 亿卢比	
中国	1998 ~ 2001	5000 亿人民币	6.0

5.1.2 侵蚀机理

关于氯离子对钢筋混凝土的腐蚀机理主要有 3 种解释[7]:1) 氧化膜理论;2) 吸附理论;3) 化合物理论。其中最关键的是在非均质的混凝土中氯离子能够破坏钢筋钝化膜,使钢筋发生局部腐蚀。在阳极区铁发生腐蚀生成亚铁离子,当钢筋/混凝土界面存在氯离子时候,在腐蚀电池电场作用下,氯离子不断向阳极迁移而富集。亚铁离子和氯离子生成可溶于水的 $FeCl_2$,然后向阳极区外扩散,与阴极区的[OH^-]生成铁锈前身 $Fe(OH)_2$,遇到水和氧后进一步氧化成铁锈 $Fe_2O_3 \cdot nH_2O$。这个化学反应同时释放出[Cl^-],[Cl^-]继续向阳极循环迁移,搬运出更多的[Fe^{2+}]参与氧化反应,在整个过程中[Cl^-]不被消耗,仅仅起到循环运输作用,所以氯离子的侵蚀只要条件具备,一旦开始就不会停止。

当混凝土与氯离子接触时,氯离子会透过混凝土毛细通道达到钢筋表面,当钢筋周围的混凝土液相中氯离子含量达到腐蚀的临界值时,钢筋钝化膜就会局部遭到破坏。有研究总结认为[8],混凝土中钢筋在满足如下五个条件情况下可能发生锈蚀:1) 钝化膜被破坏;2) 存在阳极,发生阳极极化过程,产生电子;3) 有个阴极,产生阴极反应,接受电子;4) 阳极和阴极区有电路连接以输送电子;5) 阴极区提供氧气和水。

5.2 氯离子扩散基本理论

[Cl⁻]从环境通过混凝土孔隙、微裂缝向内部传输过程非常复杂。主要是毛细管作用、渗透、扩散、电化学迁移等几种侵入方式的组合,还受[Cl⁻]与混凝土间化学结合、物理粘结、吸附等作用影响。扩散认为是最主要的传输方式,试验结果表明 Cl⁻ 沿保护层的浓度分布认为是接近线性扩散。1970 年 CollePardi[9] 等最先提倡用 Fick 第二扩散定律来描述氯离子在混凝土中的扩散行为。基本假设:①混凝土是半无限大的均匀介质;②氯离子在混凝土中的扩散是一维的;③不考虑氯离子与混凝土发生吸附和结合;④氯离子扩散系数是一个常数;⑤边界条件(即暴露表面的氯离子浓度)是常数。按 Fick 第二定律,扩散过程中扩散物质浓度随时间的变化率与扩散物质浓度梯度变化率成正比,即三维扩散条件下的偏微分方程为:

$$\frac{\partial C}{\partial t} = \frac{\partial}{\partial X}\Big(D_X \frac{\partial C}{\partial X}\Big) + \frac{\partial}{\partial Y}\Big(D_Y \frac{\partial C}{\partial Y}\Big) + \frac{\partial}{\partial Z}\Big(D_Z \frac{\partial C}{\partial Z}\Big) \qquad (5-1)$$

对于一维问题,该扩散定律偏微分方程为:

$$\frac{\partial C}{\partial t} = D \frac{\partial^2 C}{\partial^2 x} \qquad (5-2)$$

式中　C——距混凝土表面 x 处的[Cl⁻]浓度,以[Cl⁻]占水泥或混凝土质量百分比表示;

　　　t——构筑物暴露于海洋环境的时间;

　　　x——距表面的距离;

　　　D——混凝土中[Cl⁻]扩散系数。

当城市地下建(构)筑物经相当长的时间,表面浓度基本稳定,且建(构)筑物整体对于暴露表面为半无限介质,任何时刻无限远处的[Cl⁻]浓度值为初始浓度,则相应边界、初始条件为:

边界条件:$C(0,t) = C_s$,$C(\infty,t) = C_0$;

初始条件:$C(x,0) = C_0$;将式(5-2)解为基本扩散模型:

$$C(x,t) = C_0 + (C_s - C_0)\Big[1 - erf\Big(\frac{x}{\sqrt{4Dt}}\Big)\Big] \qquad (5-3)$$

$$erf(z) = \frac{2}{\sqrt{\pi}}\int_0^z \exp(-z^2)\,\mathrm{d}z \qquad (5-4)$$

式中　$C(x,t)$——t 时刻 x 深度处的[Cl⁻]浓度;

　　　C_0——混凝土内的初始[Cl⁻]浓度,由试验测定;

　　　C_s——混凝土暴露表面[Cl⁻]浓度;

　　　D——[Cl⁻]扩散系数,m²/s;

　　　$erf(z)$——高斯误差函数。

在寿命预测中只要确定了临界氯离子浓度 C_{cr},保护层厚度 X_{cover},依据公式(6-3)就可以求解开始锈蚀时间,氯盐侵蚀条件下的混凝土结构耐久性寿命得以预测。但是理想的数学模型与实际工程应用具有较大的差距,余宏发[10]认为理想的 Fick 定律存在 8 个方面的问题:①混凝土是非均质材料,它在形成和使用过程中存在结构微缺陷或损伤;②混凝土结构通常不是无限大的;③实际结构一般有多个暴露面,即氯离子扩散不是一维的,往往是二或三维的;④氯离子扩散系数是随龄期而减小的;⑤混凝土在荷载、环境和气候等因素作用下产生的结构微缺陷对氯离子扩散有加速作用;⑥氯离子与混凝土发生了结合和吸附,即混凝土具有一定的氯离子结合能力;⑦在较高的自由氯离子浓度范围内,混凝土的氯离子结合能力具有典型的非线性特征;⑧混凝土表面氯离子浓度(即边界条件)是随着时间推移而逐渐增加的动态变化过程,最终与环境介质的浓度相当,或达到平衡。围绕上述不足,许多学者对 Fick 第二定律及其参数进行了改进。

5.2.1 变扩散系数模型

Maage[11]考虑扩散系数随着时间变化关系,提出扩散系数衰减规律为:

$$D = D_i t^{-m} \tag{5-5}$$

式中　　D_i ——为对应某一时间的有效扩散系数;

　　　　t ——计算时间;

　　　　m ——衰减指数。

得到 Fick 第二定律为:

$$\begin{cases} \dfrac{\partial c}{\partial t} = D_i t^{-m} \dfrac{\partial^2 c}{\partial x^2} \\ t = 0, x > 0, c = 0 \\ x = 0, t > 0, c = c_s \end{cases} \tag{5-6}$$

结合边界条件及初始条件,上述偏微分方程的解析解为:

$$c = c_s \left[1 - erf\left(\dfrac{x}{2\sqrt{\dfrac{D_i}{1-m} t^{1-m}}} \right) \right] \tag{5-7}$$

后来,Maage[11]把 Thomas 提出的混凝土氯离子扩散系数衰减规律引入并且简化了偏微分方程求解过程,改进了 Maage 模型,使得模型中的参数物理量概念清晰并且容易求解。他采用的扩散系数衰减规律为:

$$D = D_0 \left(\dfrac{t_0}{t} \right)^m \tag{5-8}$$

式中　　D_0 ——t_0 时刻混凝土[Cl^-]扩散系数。

得到 Fick 第二定律为:

$$\begin{cases} \dfrac{\partial c}{\partial t} = A \cdot \dfrac{\partial^2 c}{\partial x^2} \\ t = 0, x > 0, c = 0 \\ x = 0, t > 0, c = c_s \\ A = D_0 \left(\dfrac{t_0}{t} \right)^m \end{cases} \tag{5-9}$$

结合边界条件及初始条件,偏微分方程求解过程中进行了适当简化,得到简化的解析解为:

$$c = c_0 + (c_s - c_0) \left(1 - erf \dfrac{x}{2\sqrt{D_0 \left(\dfrac{t_0}{t} \right)^m \cdot t}} \right) \tag{5-10}$$

5.2.2 变边界条件模型

Amey[12]提出了线性边界条件及幂函数边界条件,改进了 Fick 模型的边界条件,建立了 Amey 模型,线性边界条件及幂函数边界条件模型分别为:

$$\begin{cases} \dfrac{\partial c}{\partial t} = D\,\dfrac{\partial^2 c}{\partial x^2} \\ t = 0, x > 0, c = 0 \\ x = 0, t > 0, c = C_0 kt \end{cases} \qquad (5-11)$$

$$\begin{cases} \dfrac{\partial c}{\partial t} = D\,\dfrac{\partial^2 c}{\partial x^2} \\ t = 0, x > 0, c = 0 \\ x = 0, t > 0, c = C_0 kt^{\frac{1}{2}} \end{cases} \qquad (5-12)$$

式中 k——为常数,其他参数同前。

式(5-11)的解析解为:

$$c = kt\left\{\left(1 + \frac{x^2}{2Dt}\right)erfc\left(\frac{x}{2\sqrt{Dt}}\right) - \left(\frac{x}{\sqrt{\pi Dt}}\right)e^{-\frac{x^2}{4Dt}}\right\} \qquad (5-13)$$

式(5-12)的解析解为:

$$c = k\sqrt{t}\left\{e^{-\frac{x^2}{4Dt}} - \left[\frac{x\sqrt{\pi}}{2\sqrt{Dt}}erfc\left(\frac{x}{2\sqrt{Dt}}\right)\right]\right\} \qquad (5-14)$$

式中,$erfc\left(\dfrac{x}{2\sqrt{Dt}}\right)$ 为反误差函数,$erfc\left(\dfrac{x}{2\sqrt{Dt}}\right) = 1 - \dfrac{2}{\sqrt{\pi}}\displaystyle\int_0^{\frac{x}{2\sqrt{Dt}}} e^{-u^2}du$。

接着 Kassir[13]在试验研究的基础上提出了指数函数型的边界条件,并且解得了指数边界条件下的解析式,建立了 Kassir 模型。

$$\begin{cases} \dfrac{\partial c}{\partial t} = D\,\dfrac{\partial^2 c}{\partial x^2} \\ t = 0, x > 0, c = 0 \\ x = 0, t > 0, c = c_{s0}(1 - e^{-at}) \end{cases} \qquad (5-15)$$

式中 c_{s0}——初始表面浓度,混凝土表面浓度随着时间变化;

a——衰减指数,由试验数据拟合确定。

式(5-15)的解析解为:

$$c = c_{s0}\left\{1 - erf\left(\frac{x}{\sqrt{4Dt}}\right) - \frac{1}{2}e^{-at}\left[e^{-x^2\left(-\frac{a}{D}\right)^{\frac{1}{2}}}erfc\left(\frac{x}{\sqrt{4Dt}} - (-at)^{\frac{1}{2}}\right) + e^{x^2\left(-\frac{a}{D}\right)^{\frac{1}{2}}}erfc\left(\frac{x}{\sqrt{4Dt}} + (-at)^{\frac{1}{2}}\right)\right]\right\} \qquad (5-16)$$

5.2.3 考虑综合因素模型

在考虑材料因素、环境因素及养护因素基础上,Mejlbro L.[14]提出了一个模型,目前该模型被欧盟 DuraCrete 所采用,该模型的解析解为:

$$c_f = c_s\left(1 - erf\left(\frac{x}{2\sqrt{K_e K_c K_m D_0 t_0^m t^{1-m}}}\right)\right) \qquad (5-17)$$

式中 K_c——养护因素影响系数;

K_e——环境因素影响系数；

K_m——材料因素影响系数。

影响因素系数取值 表 5 - 2

养护影响系数	养护条件	系数值	环境影响系数	环境特征	系数值
K_c	1d 养护	2.08	K_e	水下区	1.32
K_c	3d 养护	1.50	K_e	潮差区	0.92
K_c	7d 养护	1.0	K_e	浪溅区	0.27
K_c	18d 养护	0.79	K_e	大气区	0.68
材料影响系数	混凝土类型	系数值	材料影响系数	混凝土类型	系数值
K_m	普通水泥	1.0	K_m	矿渣水泥	2.9

5.2.4 氯离子扩散系数修正

1. 氯离子扩散系数确定

混凝土是一种内部结构随时间而变化的材料,氯离子扩散系数随着混凝土的龄期而不同。一般而言,在混凝土内部水化未完成之前氯离子在混凝土中的扩散系数随着混凝土的龄期而降低,当混凝土内部水化完成后,混凝土的内部结构趋于稳定,这时氯离子在混凝土中的扩散系数也趋于恒定。国内外学者提出了很多测试混凝土中氯离子扩散系数的方法,Berke N. S. 和 Hicks M. C.[15]提出通过混凝土的6h库仑电量 Q 计算出混凝土的扩散系数的方法:

对不掺 $Ca(NO_3)_2$ 的混凝土:

$$D_{eff} = 0.0103 \times 10^{-8} Q^{0.84} \quad (cm^2/s) \tag{5-18}$$

对掺 $Ca(NO_3)_2$ 的混凝土:

$$D_{eff} = 0.0088 \times 10^{-8} Q^{0.76} \quad (cm^2/s) \tag{5-19}$$

式中 D_{eff}——扩散系数($10^{-8} cm^2/s$)

Q——库仑电量(C)。

2. 变扩散系数修正

混凝土的水化过程漫长,混凝土成熟度对[Cl^-]扩散影响很大,水化越充分,成熟度越高,内部越密实,抗[Cl^-]渗透的能力就越强。因此[Cl^-]扩散系数是一个时间依赖性函数。Maage 等在[Cl^-]扩散中考虑[Cl^-]扩散系数与时间的关系,引入有效扩散系数 D_t 来表示混凝土从开始暴露到检测时的扩散系数均值,且认为近似服从下面关系:

$$\frac{D_t}{D_0} = \left[\frac{t_0}{t}\right]^m \tag{5-20}$$

式中 D_0——t_0 时刻混凝土[Cl^-]扩散系数,按根据混凝土电通量换算得到;

t_0——水化龄期;

m——[Cl^-]扩散的时间依赖性常数,由试验获得,Maage 等测定龄期 180d 混凝土 m 为 0.52;Thomas 等测定龄期 8a 的粉煤灰混凝土 m 为 0.7;调查 100a 内的混凝土 m 为 0.64。当水化基本完成,内部微结构基本不再变化,此时[Cl^-]扩散系数趋于恒定。为防止 D_t 无限降低,式(5-20)仅适用前 30 年,而 30 年后,D_t 成为恒值。

3. 氯离子结合能力修正

混凝土对[Cl⁻]结合主要通过[Cl⁻]被 C_3AH_6 化学结合成 $C_3AH_6 \cdot CaCl_2 \cdot 12H_2O$,水泥水化时进入 CSH 凝胶结构,CSH 凝胶对[Cl⁻]的固溶效应。还有,混凝土内部孔隙与毛细孔表面的物理吸附作用。混凝土与[Cl⁻]结合对构筑物寿命影响显著,一般认为只有自由[Cl⁻]才导致钢筋锈蚀,钢筋锈蚀的临界值应以自由[Cl⁻]含量为标准,而式(5-3)计算的为混凝土中自由[Cl⁻]浓度 C_f 和结合[Cl⁻]浓度 C_b 组成的[Cl⁻]总浓度 $C(x,t)$,即:

$$C(x,t) = C_f + C_b \tag{5-21}$$

混凝土[Cl⁻]结合能力 R:

$$R = \frac{C_b}{C_f} = \frac{C(x,t) - C_f}{C_f} \tag{5-22}$$

式中 R——混凝土[Cl⁻]结合能力,普通混凝土,$R = 2 \sim 4$;高性能混凝土,$R = 3 \sim 15$。

4. 劣化效应修正

混凝土使用时内部产生微裂纹等缺陷后加速[Cl⁻]的扩散,尤其对高性能混凝土,其干缩和自收缩较大而使混凝土微裂缝和渗透性增加。材料劣化对[Cl⁻]扩散的影响用等效扩散系数 D_e 表示:

$$D_e = KD_t \tag{5-23}$$

式中 K——混凝土[Cl⁻]扩散性劣化效应系数,普通混凝土,$K = 6 \sim 14$;高性能混凝土,$K \leqslant 6$。

5. 修正后的扩散模型

在 Fick 定律基础上,综合考虑[Cl⁻]扩散的时间依赖性、[Cl⁻]结合、结构缺陷材料劣化对[Cl⁻]扩散的影响,得到修正后的[Cl⁻]扩散方程:

$$\frac{\partial C_f}{\partial t} = \frac{KD_0 t_0^m}{1+R} t^{1-m} \frac{\partial^2 C_f}{\partial x^2} \tag{5-24}$$

同样的初始、边界条件下得到混凝土[Cl⁻]扩散理论模型为:

$$C_f = C_0 + (C_s - C_0)\left[1 - erf\left(\frac{x}{2\sqrt{\frac{KD_0 t_0^m}{(1+R)(1-m)}t^{1-m}}}\right)\right] \tag{5-25}$$

5.3 氯盐侵蚀机理实验

针对城市地下结构氯离子侵蚀机理的深入解释,进行氯离子侵蚀作用下混凝土劣化机理模拟及其影响因素系列实验分析。主要研究城市地下结构混凝土中氯离子的传输特征,氯离子传输的影响因素,确定城市地下结构环境中引起钢筋混凝土锈蚀的临界氯离子浓度值。具体实验分为两个大的系列:1)单因素[Cl⁻]离子扩散规律试验;2)单因素临界[Cl⁻]离子浓度值确定试验。

5.3.1 试验环境

1. 实验操作参考的规范

《普通混凝土力学性能试验方法标准》GB 50081-2002;

《普通混凝土长期性能和耐久性能试验方法》GB82-85;

ASTM C1202 – 97;

《水运工程混凝土试验规程》JTJ 270 – 98。

2. 实验用原材料

水泥:新华水泥厂生产的 P. O 42.5 级水泥。

粉煤灰:湖南湘潭电厂生产的风选粉煤灰。

矿渣:江西联达高新建材厂生产的粒化高炉矿渣粉。

硅灰:青海产硅灰,SiO_2 含量大于 90%。

砂子:广州砂场或者与广州典型砂场相似的本地砂料。

石子:广州石场或者与广州典型石场相似的本地石子。

减水剂:上海花王碱化学有限公司生产的迈地 100 型萘系高效减水剂。

氯化钠(NaCl):工业用氯化钠,氯化钠含量 >99.5%。

硫酸钠(Na_2SO_4):工业用硫酸钠,硫酸钠含量 >99.2%。

3. 试验环境

混凝土等级:采用混凝土胶凝材料和水胶比控制混凝土强度等级,主要考虑 C20、C30 和 C40 等级混凝土。

掺合条件:双掺和单掺粉煤灰及硅灰。

保护层厚度:钢筋混凝土的试块保护层厚度为 30、40、50mm。

养护条件:标准养护。

模拟的侵蚀环境:广州地下结构耐久性腐蚀性因素主要为 $[SO_4^{2-}]$ 和 $[Cl^-]$ 腐蚀,试验中考虑 $[SO_4^{2-}]$ 和 $[Cl^-]$ 腐蚀共同作用及相互影响,该地区的代表浓度为 $[Cl^-]$ 80 ~ 5000mg/L,按最不利情况取 5000mg/L、$[SO_4^{2-}]$ 70 ~1500mg/L,按最不利情况取 1500mg/L。

产生侵蚀离子的侵蚀溶液浓度为 NaCl:3.5%(22010mg/L)、10%(67426mg/L)、Na_2SO_4:3.5%(24520mg/L)、10%(75117mg/L),均为质量比浓度。

侵蚀环境的湿度:RH =(40% ~85%)、采用干湿循环,浸泡、半浸泡及喷淋试件处理方式模拟城市地下结构湿度条件的变化。

5.3.2 实验材料性能

试验用的材料采用相似法则配比,在调研基础上抽取典型地下工程所用材料参数,采用类比的方式现行配置,以求最大程度相似。实验前,对实验所用的水泥成分进行了化学分析,试验所用的水泥(P. O 42.5 普通硅酸盐水泥)的主要化学成分和物理性能指标见表 5 – 3 和表 5 – 4。

水泥化学成分   表 5 – 3

P. O 42.5	化学成分及其质量百分比含量(%)						
	SiO_2	Al_2O_3	Fe_2O_3	CaO	MgO	SO_3	烧失量
	24.3	4.8	3.8	55.3	4.2	2.2	2.4

试验所用砂为河砂,中砂,级配符合Ⅱ区要求,细度模数为 2.88,含泥量为 3.93%,坚固性为 7.55%,视密度为 2.50g/cm^3,堆积密度为 1680kg/m^3。试验所用粗骨料粒径 5 ~25mm 石灰石碎石,压碎指标为 7.8%,含泥量为 0.4%,针片状含量为 5.8%,坚固性指标为 9.5%,

碎石物理性能指标见表5-8。

水泥物理性能及强度指标 表5-4

指标	密度 g/cm³	细度		凝结时间(h)		强度(MPa)			
		80μ筛筛余(%)	勃氏比表面(m²/kg)	初凝时间	终凝时间	抗压强度		抗折强度	
						3d	28d	3d	28d
测试值	3.1	3.6	380	2.75	3.83	22	49.4	4.85	9.78

实验所掺入粉煤灰(I级)的主要化学成分和物理性能指标见表5-5和表5-6。

粉煤灰化学成分(%) 表5-5

样品	SiO₂	Fe₂O₃	Al₂O₃	CaO	MgO	SO₃	K₂O	Na₂O
I级	51.8	5.0	26.4	4.1	1.0	0.45	1.3	1.0

粉煤灰物理性质 表5-6

指标	细度(45μm筛余)(%)	含水率(%)	烧失量(%)	密度(g/cm³)	比表面积(m²/kg)
I级(FAI)	4.0	0.20	3.5	·2.30	540

试验所掺入硅灰的主要化学成分和物理性能指标见表5-7

硅灰的化学成分(%) 表5-7

成分	SiO₂	Al₂O₃	Fe₂O₃	CaO	MgO	SO₃	f-CaO
硅灰	88.2	3.45	0.80	0.00	0.34	2.52	—

碎石性能指标 表5-8

指标参数	视密度(g/cm³)	堆积密度(kg/m³)	空隙率(%)	压碎指标(%)
碎石	2.74	1430	47.8	7.8

5.4 氯离子扩散影响因素

5.4.1 试验过程

1.试验目的

研究不同水胶比、矿物掺合料、离子浓度和浸泡条件下,[Cl⁻]在混凝土中的传输特征,分析各自条件对其传输速度的影响,综合揭示反映这些条件对混凝土氯离子扩散性能的影响。通过实验分析,以期望在实际应用中优化耐久性设计,提高城市地下结构耐久性。

2.试验方案

试验用混凝土配比参考广州地铁1号线部分区间隧道(黄沙-芳村段)的混凝土配合比,见表5-9。实验方案见表5-10所示,其中氯离子浓度考虑了1%、3.5%、10%的影响。

编号	水胶比(W/C)	水泥(P.O 42.5)	砂	石子	施工时间
1	0.65	1	1.61	2.20	1995 年 4 月
2	0.53	1	1.61	2.20	1994 年 9 月

3. 试验过程

首先,砂浆试件采用尺寸为 $(40 \times 40 \times 160) mm^3$ 的水泥胶砂试模成型,混凝土试件采用 $(100 \times 100 \times 300) mm^3$ 以及 $(100 \times 100 \times 100) mm^3$ 的试模成型,拆模后置于标准养护室进行养护。然后,将养护至龄期的混凝土棱柱形试件和砂浆试件采用石蜡沿长度方向的 4 个面做密封处理,其中,混凝土立方体试件用于三维浸泡试验,不做密封处理。

采用浸泡和喷淋干湿循环两种方法模拟城市地下结构湿度环境,试件处理方式示意图如图 5 - 1 和图 5 - 2 所示。将一部分试件分别置于三种浓度的溶液中浸泡,浸泡方式分别采用一维浸泡和三维浸泡。下文规定除特别说明外,均为一维浸泡处理。其中,一维浸泡处理指密封试件纵向的 4 个面,仅留下两个相对的面,然后浸泡于侵蚀溶液中,而三维浸泡指试件 6 个面均与侵蚀溶液接触。另一部分试件置于相对湿度 $(50 \pm 5)\%$、温度 $(20 \pm 3)℃$ 的环境中,用浓度为 3.5% NaCl 侵蚀溶液喷淋,每天喷淋 2 次,每次喷淋 5ml 侵蚀溶液。

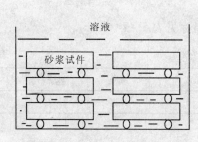
图 5 - 1　砂浆试件浸泡处理示意图

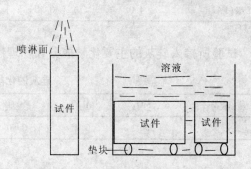
图 5 - 2　混凝土试件喷淋和浸泡处理示意图

试验用混凝土配合比　　　　　　　　表 5 - 10

控制	编号	龄期(d)	C	FA	SF	W	S	G	减水剂(%)	备注
水胶比	A1	28	1	0	0	0.35	1.61	2.20	0.8	P.O 42.5
	A2	28	1	0	0	0.53	1.61	2.20	0	P.O 42.5
	A3	28	1	0	0	0.65	1.61	2.20	0	P.O 42.5
FA 掺量	A4	28	0.8	0.2	—	0.35	1.39	2.59	1.4	P.O 42.5
	A5	28	0.7	0.3	—	0.35	1.39	2.59	1.4	P.O 42.5
	A6	28	0.6	0.4	—	0.35	1.39	2.59	1.2	P.O 42.5
	A7	28	0.4	0.6	—	0.35	1.39	2.59	1.1	P.O42.5
SF 掺量	A8	28	0.95	—	0.05	0.35	1.39	2.59	1.7	P.O42.5
	A9	28	0.90	—	0.1	0.35	1.39	2.59	1.7	P.O42.5

控制	编号	龄期(d)	C	FA	SF	W	S	G	减水剂/%	备注
SF + FA	A10	28	0.8	0.15	0.05	0.35	1.39	2.59	1.3	P.O42.5
	A11	28	0.7	0.25	0.05	0.35	1.39	2.59	1.3	P.O42.5
	A12	28	0.6	0.35	0.05	0.35	1.39	2.59	1.2	P.O42.5
	A13	28	0.8	0.1	0.1	0.35	1.39	2.59	1.2	P.O42.5
	A14	28	0.7	0.2	0.1	0.35	1.39	2.59	1.2	P.O42.5
	A15	28	0.6	0.3	0.1	0.35	1.39	2.59	1.2	P.O42.5
龄期	A16	3	0.7	0.3	—	0.35	1.39	2.59	1.4	P.O42.5
	A17	28	0.7	0.3	—	0.35	1.39	2.59	1.4	P.O42.5
	A18	56	0.7	0.3	—	0.35	1.39	2.59	1.4	P.O42.5
	A19	3	1	—	—	0.35	1.39	2.59	1.6	P.O42.5
	A20	28	1	—	—	0.35	1.39	2.59	1.6	P.O42.5
	A21	56	1	—	—	0.35	1.39	2.59	1.6	P.O42.5

注:水胶比试验组参考1995年广州地铁混凝土配合比确定,水泥采用P.O 42.5,其他试验组混凝土根据现在的混凝土耐久性设计要求进行,采用不同水胶比,P.O 42.5水泥进行。氯离子浓度考虑了1%、3.5%、10%的浓度(Nacl溶质的质量浓度)。

氯离子侵入含量采取分层取样方法测定。将浸泡至规定龄期的试件取出,擦干试件表面溶液,除去试件表面密封石蜡,将试件固定在机床上,调整好机床转速和进刀速度,将试件沿长度方向每隔5mm切割,收集切割后颗粒状的样品并磨细过筛(通过$80\mu m$筛),再进行化学滴定法测试。

5.4.2 水胶比的影响

试验数据分析表明水胶比对氯离子的扩散影响明显,试验数据获得的氯离子与水胶比关系曲线见图5-3,随着距离混凝土表明深度的增加,氯离子含量减小。

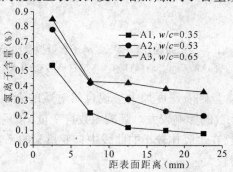

图5-3 水胶比影响下氯离子含量剖面曲线

从图5-3可知,不同水胶比的混凝土试件在3.5%的NaCl溶液浸泡条件下,氯离子在混凝土不同深度含量不同。随着水胶比降低,不同深度处氯离子含量减少。当水胶比从0.65降至0.53时,在距离混凝土表层0~10mm范围内混凝土氯离子含量减小不明显,深度大于10mm部分氯离子含量较小显著。比如0.35水胶比,深度值为12.5mm处的氯离子含量为 0.12%。0.53 水胶比,深度值为 12.5mm 处的氯离子含量为 0.31%。0.65 水胶比,深度值为 12.5mm 处的氯离子含量为 0.42%。水胶比降低至 0.35 时,试件内部氯离子含量明显减少。实验结果表明在城市地下结构中,为了增加混凝土结构耐久性,应该采用水胶比较低的混凝土,水胶比影响因素分析表明城市地下结构耐久性设计混凝土配合比的水胶比小于 0.5。依据试验数据,对混凝土试件中氯离子含量随着深度变化进行了曲线拟合,拟合情况如图 5-4 所示。

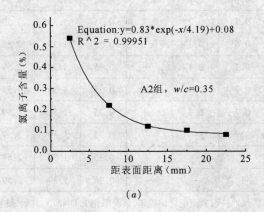

(a)

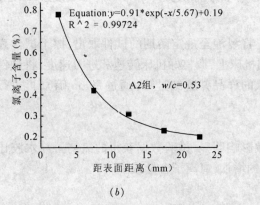

(b)

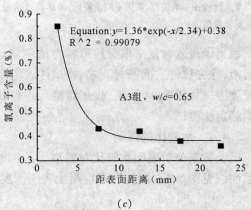

(c)

图 5-4　水胶比影响下氯离子含量拟合曲线
$(a)W/C=0.35;(b)W/C=0.53;(c)W/C=0.65$

图 5-4 表明氯离子含量随着深度加大呈现自然对数的衰减关系,实验研究表明,混凝土的水胶(灰)比对衰减系数的影响较大。衰减函数自变量 x 的系数在一定程度上反映了这个衰减规律及其影响因素,在水胶比较小的曲线中自变量 x 的系数值较小,在水胶比较大的曲线中自变量 x 的系数值较大。

5.4.3　矿物掺合料影响

为了分析常用矿物掺合料对氯离子扩散的影响,进行了固定水胶比下不同掺合料组合的氯离子扩散试验分析。依据试验数据水胶比均为 0.35 的混凝土试件,采用一维浸泡 120d后,不同深度处的氯离子含量,见图 5-5。

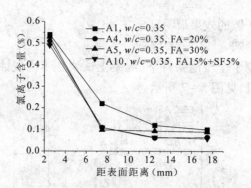

图 5－5 掺合料影响下氯离子含量剖面曲线

由图 5－5 可知,相同水胶比条件下,活性矿物掺合料能够降低氯离子的扩散能力,特别是 0～12mm 深度范围之内的氯离子含量降低非常明显。其中,掺 20%、30% 粉煤灰的试块以及 15% 粉煤灰与 5% 硅灰双掺的试块,试块内部不同位置氯离子含量明显少于普通配比的混凝土试块,特别是粉煤灰与硅灰复掺后对降低混凝土表层(0～12mm)氯离子含量的效果明显。实验结果表明在城市地下结构中,为了增加混凝土结构耐久性,使用活性矿物掺合料是效果良好的措施,尤其是粉煤灰与硅灰复掺。

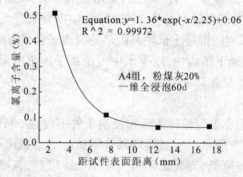

(a)

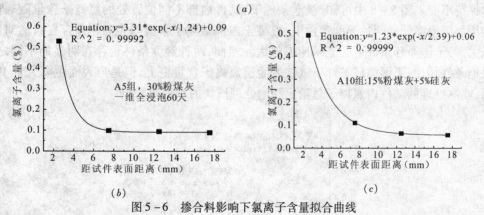

(b)   (c)

图 5－6 掺合料影响下氯离子含量拟合曲线

对掺合料影响下氯离子含量随着深度变化进行了曲线拟合,拟合情况如图 5－6。从图 5－6 的结果可以看到,氯离子含量(y)与距表面的距离(x)之间也存在自然对数的衰减关系。掺加了矿物掺合料后的衰减系数有较大的提升,说明矿物掺合料能够有效的减缓氯离子的扩散作用。不同掺合料试块对应的衰减系数不同,其中粉煤灰与硅灰复掺试块的衰减系数最大,阻碍氯离子扩散的效果最明显。

5.4.4 溶液浓度影响

依据实验结果,绘制了全浸泡条件下,混凝土试块在不同侵蚀浓度的溶液中浸泡120d时表层2mm氯离子含量,见图5-7所示。

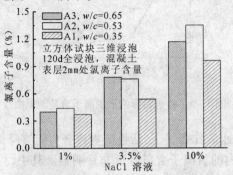

图5-7 不同侵蚀浓度下表层氯离子含量

从图5-7看出,随着侵蚀溶液浓度的增加,混凝土内部氯离子含量显著增加。溶液浓度从1%增加至3.5%时,混凝土中的氯离子含量增加约1倍,而氯化钠溶液浓度从3.5%增加至10%时,混凝土中氯离子含量增加约35%,增加幅度显著降低。实验结果还显示在不同侵蚀溶液浓度下,3个系列的混凝土试块其内部的氯离子含量都随着水胶比降低而减少。

实验结果表明在城市地下结构中,地下水中侵蚀离子的浓度对结构耐久性及使用寿命影响很大,有必要采取技术措施降低侵蚀浓度。

5.4.5 浸泡条件影响

A2组混凝土试块分别在干湿循环条件和浸泡条件下侵蚀60d,测得了各个试块不同深度处氯离子含量,见图5-8所示。干湿循环条件下试件表面氯离子含量很高,随着表面距离的增加,氯离子含量迅速降低,当表面距离大于10mm以后,氯离子含量随距离的增加而基本保持不变。图5-8中可知,浸泡条件下,试件内部不同位置处的氯离子含量随表面距离的增加缓慢降低。两种湿度条件下,混凝土内部氯离子含量与表面距离存在自然对数的衰减关系,干湿循环条件下的衰减速率较大。然而,两种湿度条件也存在明显的不同之处,与浸泡条件相比,干湿循环条件下试件表面层氯离子含量更大,但是当表面距离大于10mm以后,喷淋处理的试件内氯离子总量比浸泡处理试块的小得多。

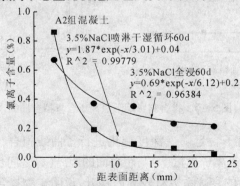

图5-8 湿度条件对氯离子含量的影响

实验结果表明在城市地下结构中,地下结构的湿度条件变化对结构耐久性影响不利,尤其是干湿循环的交替加速了侵蚀离子的扩散,表现为地下水位的变化造成的干湿循环,对城市地下结构耐久性不利。

5.4.6 电通量分析

实验研究表明混凝土抗氯离子渗透性能与混凝土电通量有很好的对应关系,较低电通量的混凝土具有较强的氯离子渗透抵抗性,并且这一规律已经在工程中广泛使用。表 5 – 11 ~ 表 5 – 13 分别为美国混凝土协会标准 ASTM C 1202 – 97[16]、住房和城乡建设部的《混凝土耐久性检验评定标准》JCTC 193 – 2009[17] 以及铁道部颁布的《铁路混凝土结构耐久性设计暂行规定》[18]（铁建设[2005]157 号）的对应关系。

混凝土氯离子渗透性能与库仑电量的关系（28d 龄期）　　　　　表 5 – 11

电通量	混凝土氯离子渗透性	参考混凝土种类
> 4000C	较高	$w/c > 0.6$ 的普通混凝土
2000C ~ 4000C	中等	中等水胶比(0.5 ~ 0.6)的普通混凝土
1000C ~ 2000C	较低	低水胶比(≤0.4)的混凝土
100C ~ 1000C	很低	低水胶比,掺硅灰 5% ~ 7% 的混凝土
< 100C	可忽略	聚合物、掺入硅灰 10% ~ 15% 的混凝土

混凝土氯离子渗透性能与库仑电量的关系（28d 龄期）　　　　　表 5 – 12

电通量	混凝土抗氯离子渗透等级	混凝土耐久性水平推荐意见
> 4000C	Q – Ⅰ	很差
2000C ~ 4000C	Q – Ⅱ	较差
1000C ~ 2000C	Q – Ⅲ	较好
500C ~ 1000C	Q – Ⅳ	良好
< 500C	Q – Ⅴ	很好

混凝土的电通量（56d）　　　　　表 5 – 13

设计使用年限级别		一(100 年)	二(60 年)、三(30 年)
混凝土等级\电通量,C	< C30	< 2000	< 2500
	C30 ~ C45	< 1500	< 2000
	≥ C50	< 1000	< 1500

1. 水胶比的影响

混凝土 6h 库仑电通量测试结果见表 5 – 14。不同水胶比对混凝土抗[Cl^-]渗透性的影响见图 5 – 9 所示。随着水胶比降低,混凝土 6h 库仑电量降低,试验结果说明降低水胶比可以提高混凝土抗[Cl^-]渗透性能,因为水胶比降低,混凝土中自由水量减少,混凝土孔隙率降低,密实程度提高。当水胶比降至 0.53 时,混凝土 6h 库仑电量位于较低状态。当水胶比降至 0.35 时,混凝土 6h 库仑电量位于 1000 ~ 2000 库仑之间,混凝土渗透性评价为"低"。清华大学冯乃谦[19] 教授的研究表明,当水胶比低于 0.3 时,混凝土电通量对水胶比变化不敏感。

试验研究表明,在城市地下结构耐久性设计中,混凝土配合比需要较低的水胶比,建议采用水胶比低于0.5的混凝土。

混凝土 6h 库仑电量测试结果 表 5 – 14

编号	6h 库仑电量(C)	编号	6h 库仑电量(C)
A1	1693	A13	477
A2	2678	A14	410
A3	3525	A15	325
A4	962	A16	4916
A5	801	A17	801
A6	624	A18	507
A7	765	A19	3765
A8	656	A20	1693
A9	470	A21	1470
A10	635	—	—
A11	509	—	—
A12	473	—	—

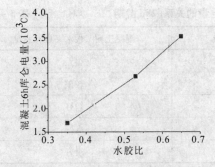 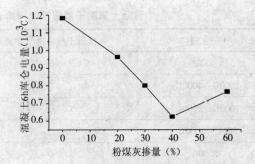

图 5 – 9　水胶比对混凝土电通量影响　　图 5 – 10　粉煤灰掺量对混凝土电通量影响

2. 掺合料的影响

粉煤灰掺量对混凝土抗氯离子渗透性能影响(电通量宏观反映)的试验结果见图5 – 10。随着粉煤灰掺量由 0 增加到40% ,混凝土试件的 6h 电通量基本呈现线性下降,即抗氯离子渗透的能力随着粉煤灰掺量增加而显著增强。但是粉煤灰掺量达到60%时,混凝土试件的6h 电通量再次上升。

实验研究表明粉煤灰的掺入能使混凝土抗氯离子渗透性能改善,一方面是由于粉煤灰的密实填充效应和火山灰效应降低了混凝土中孔隙率,同时也改善了混凝土中孔隙特征。另一方面,粉煤灰与水泥水化产物氢氧化钙晶体的二次水化反应,生成了更多的水化产物,使水泥浆体孔隙细化导致结构致密化。粉煤灰掺量达到 60%时,粉煤灰混凝土 28d 抗氯离子渗透的能力下降,因为粉煤灰掺量较大时,28d 时二次水化反应速度缓慢,混凝土中还有大量未水化的粉煤灰颗粒,混凝土内部结构不够密实,粉煤灰还没有充分发挥自己的活性效应。值得注意的是,由于粉煤灰是活性较高的颗粒,能够大量吸附与结合氯离子,实验数据表明虽然60%的掺量导致了混凝土内部结构密实度下降,但是比不掺粉煤灰的混凝土的抗氯离子渗透能力高一个数量等级。在城市地下结构中,适当使用粉煤灰,有利于提高混凝土耐久性。

图5-11为硅灰对混凝土抗[Cl⁻]渗透性的影响。硅灰的掺入能有效提高混凝土抗[Cl⁻]渗透的能力。当硅灰掺量仅为5%时,混凝土的抗渗等级就已降到"极低"。在城市地下结构中,使用硅灰有利于提高混凝土耐久性。硅灰中活性SiO_2的含量高达88%,具有较强的活性,与水泥水化产物氢氧化钙发生二次水化反应,生成了大量的水化产物,从而改善了混凝土内部的界面过渡区,使混凝土变得密实,提高了抗氯离子渗透的性能。但如果硅灰掺量过高,混凝土会过于黏稠,施工性能降低,硬化后的混凝土的干燥收缩增大,易出现裂缝,而且硅灰价格高,掺量过大成本增加等原因。通过本次试验分析,确定硅灰掺量在5%左右作为城市地下结构耐久性设计要素。

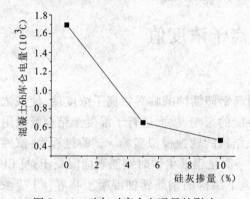

图5-11　硅灰对库仑电通量的影响　　图5-12　硅灰与粉煤灰复合对库仑电通量的影响

图5-12为硅灰与粉煤灰复合掺入对混凝土抗[Cl⁻]渗透性影响。硅灰与粉煤灰复合的混凝土较单掺粉煤灰的混凝土,混凝土6h库仑电量降低最多,这说明硅灰与粉煤灰复掺是配制高抗[Cl⁻]渗透混凝土的有效途径之一。由于硅灰和粉煤灰其各自的颗粒粒径不同,复合使用现出"复合超叠加效应",通过复合实现了性能优势互补。硅灰的平均粒径较粉煤灰小一个数量级,所以硅灰粒子可以进一步填充于它们的间隙之间,形成更好的密积堆积,从而更有利于孔隙率的降低,得到抗氯离子渗透性良好的混凝土。

3. 混凝土龄期的影响

图5-13为龄期对混凝土抗[Cl⁻]渗透性的影响。随着龄期的增加,两种混凝土6h的库仑电量都下降,但是粉煤灰掺量为30%的混凝土6h的库仑电量随龄期下降的趋势比一般混凝土要快。一般混凝土虽然随龄期库仑电量也在下降,56d时混凝土6h库仑电量仍然达到了1470C,评价为"低"等。粉煤灰混凝土在56d时混凝土6h库仑电量只有507C,评价为"极低"。

在水化早期,粉煤灰的火山灰效应不明显,粉煤灰几乎不参加水化反应,因此混凝土中的水化产物较少,孔隙率较大,抗渗能力较差。而一般(不掺入)混凝土相对来说混凝土中的水化产物就多。3d时一般混凝土的6h库仑电量小,掺了30%粉煤灰的混凝土在28d以后,6h库仑电量比一般混凝土小,抗氯离子的渗透能力超过一般混凝土。随着龄期的增加,粉煤灰混凝土中的二次水化反应开始进行,粉煤灰的火山灰效应逐渐体现出来,水化产物增多,混凝土变得密实,能够结合较多的氯离子。

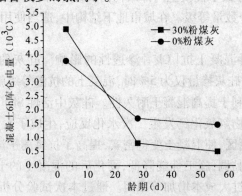

图 5 - 13　龄期对混凝土 6h 库仑电通量的影响

5.5　临界氯离子浓度值

5.5.1　试验确定法

为了从实验角度确定适合城市地下结构引起钢筋锈蚀的临界氯离子浓度值,使该浓度值能综合考虑混凝土对氯离子的结合及吸附性能的影响,故而进行了混凝土结合及吸附氯离子性能基础实验和针对城市地下钢筋混凝土结构的锈蚀模拟实验。试验过程为:试件制备→浸泡→采用钢筋锈蚀仪判断钢筋是否生锈→测量钢筋生锈时钢筋表面混凝土总[Cl⁻]浓度(用质量百分含量计算)→提出适合城市地下结构的钢筋锈蚀混凝土临界[Cl⁻]浓度值。

混凝土结合及吸附氯离子性能的试验采用砂浆试件,试块配合比见表 5 - 15 所示。试件采用尺寸为 $\phi 5cm \times 8.5$ cmPVC 管圆筒试件,将试模两端用双层薄膜密封养护,以保持水胶比恒定,到设计规定的龄期后取出,去掉表层,再将其捣碎。按照《水运工程混凝土试验规程》测定试验设计组合条件下混凝土试块结合和吸附氯离子的总量。

砂浆试件主要配合比(质量比)　　　　　　　　　　表 5 - 15

	编号	龄期(d)	C	FA	SF	W	S	减水剂(%)	备注
	M 1	28	1	0	0	0.3/0.35	2.5	0.8	P. O 42.5
	M 2	28	1	0	0	0.4/0.53	2.5	0.7	P. O 42.5
水胶比	M 3	28	1	0	0	0.65	2.5	0	P. O 42.5
	M 4	28	1	0	0	0.53	2.5	0	P. O 42.5
	M 5	28	1	0	0	0.65	2.5	0	P. O 42.5
	M 6	28	0.8	0.2	0	0.35	2.5	0.7	P. O 42.5
FA 掺量	M 7	28	0.7	0.3	0	0.35	2.5	0.7	P. O 42.5
	M 8	28	0.6	0.4	0	0.35	2.5	0.7	P. O 42.5
	M 9	28	0.4	0.6	0	0.35	2.5	0.7	P. O 42.5

	编号	龄期(d)	C	FA	SF	W	S	减水剂(%)	备注
SF 掺量	M 10	28	0.95		0.05	0.35	2.5	0.7	P.O 42.5
	M 11	28	0.90		0.10	0.35	2.5	0.7	P.O 42.5
SF + FA	M 12	28	0.8	0.15	0.05	0.35	2.5	0.7	P.O 42.5
	M 13	28	0.7	0.25	0.05	0.35	2.5	0.7	P.O 42.5
	M 14	28	0.60	0.35	0.05	0.35	2.5	0.7	P.O 42.5
	M 15	28	0.80	0.10	0.08/0.1	0.35	2.5	0.7	P.O 42.5
	M 16	28	0.70	0.20	0.08/0.1	0.35	2.5	0.7	P.O 42.5
	M 17	28	0.60	0.30	0.08/0.1	0.35	2.5	0.7	P.O 42.5

在混凝土结合及吸附氯离子性能的试验基础上,再进行确定氯离子临界浓度值的锈蚀模拟实验。试验用尺寸为 $\phi100mm \times 300mm$ 圆柱形,试件中预埋 $\phi16$ 钢筋,试验中考虑了 2 种不同的钢筋保护层厚度。试块养护至 28d,试件两端及露出的钢筋头采用环氧树脂封闭,试块浸泡在 2 种不同浓度的$[Cl^-]$腐蚀溶液中,进行快速锈蚀试验。采用钢筋锈蚀仪测试钢筋电通量,通过电通量判断钢筋是否锈蚀,试验中通过的腐蚀电流量是否稳定作为判断钢筋锈蚀的标准。一旦钢筋锈蚀,立即停止侵蚀,测量钢筋表层混凝土的总$[Cl^-]$含量,对应得到的即为氯离子临界浓度值。

采用表 5-10 混凝土配合比,混凝土保护层厚度和氯离子浓度值设计见表 5-16 所示,试件设计示意图如图 5-14 所示。实验室采用加速方法,按照实验方案获得混凝土中钢筋锈蚀时的临界浓度值,测试数据见表 5-17 所示。

根据表 5-10 的混凝土配合比制成试件,成型直径为 100mm,高度 300mm 的圆柱体混凝土试件,将直径为 16mm,长度为 300mm 的钢筋一端浇筑定位于混凝土试件正中央并距底面 5cm,一端高于试件顶面 5cm。钢筋上部、试件上下底面分别涂环氧树脂密封,使$[Cl^-]$只能从试件侧面渗入,试件成型 24h 后脱模,标准养护 28d 后开始试验。将圆柱体混凝土试件置于 3.5%NaCl 溶液的水箱中,液面高度低于试件上顶面 50mm。连接工作电极(钢筋)、辅助电极(不锈钢电极)至恒电位仪。为加速腐蚀,对钢筋与不锈钢电极施以 30V 的恒定电压,并采用电流记录装置记录电流随通电时间的变化。$[Cl^-]$将在电场作用下通过混凝土迁移渗透到钢筋表面而造成钢筋锈蚀,采用钢筋锈蚀仪测试电通量,通过电通量判断钢筋是否锈蚀。

实验中考虑的因素　　　　　　　　　　　　　　　　表 5-16

实 验 编 号	参考的配合比	保护层厚度	Cl⁻ 浓度
水胶比和矿物掺合料的影响	广州地铁一号线对应混凝土配合比	25mm、40mm	3.5%、5%氯化钠溶液

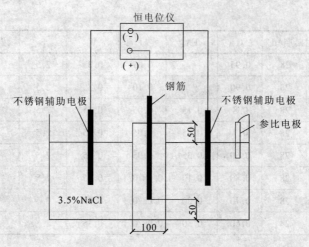

图 5 - 14 加速腐蚀试验装置示意图

氯离子结合试验结果 表 5 - 17

试样编号	影响因素	龄期	水化系数	凝胶量	总结合量	化学结合量	物理吸附量
	水胶比	d	%	g	mg/g	mg/g	mg/g
M1	0.3	28	44.2	4.59	6.087	3.186	2.919
M2	0.35	28	52.28	5.4	5.462	3.475	1.987
M3	0.4	28	59.58	6.13	5.783	3.609	2.174
M4	0.5	28	70.32	7.18	5.970	3.402	2.568
M5	0.65	28	71.65	7.25	6.023	3.555	2.468
	粉煤灰						
M6	20%	28	46.1	5.71	4.505	3.774	0.731
M7	30%	28	47.86	5.796	5.138	3.863	1.275
M8	40%	28	42.23	5.129	6.303	4.366	1.937
M9	60%	28	31.63	3.87	8.259	5.138	3.121
	硅灰						
M10	5%	28	54.9	6.61	5.234	3.674	1.560
M11	10%	28	46.61	5.644	6.388	3.896	2.485
	硅灰 + 粉煤灰						
M12	SF5% + FA15%	28	51.9	6.262	5.300	3.886	1.414
M13	SF5% + FA25%	28	46.7	5.655	6.118	4.696	1.422
M14	SF5% + FA35%	28	41.6	5.906	6.845	5.47	1.375
M15	SF10% + FA10%	28	48.99	5.923	6.904	4.529	2.371
M16	SF10% + FA20%	28	39	4.747	8.034	5.478	2.556
M17	SF10% + FA30%	28	36.29	4.426	8.320	6.549	1.771

5.5.2 氯离子结合性能

1.化学结合分析

图 5 – 15 为混凝土对氯离子的结合试验中试块对氯离子的化学结合量与水胶比、矿物掺量关系曲线。不同条件下,试块对氯离子的化学结合能力不同。由图 5 – 15(a)可知水胶比变化对试块的化学结合氯离子的性能影响不显著,图 5 – 15(b)可知试块的氯离子化学结合量随 FA 的掺量增加而逐渐增加,图 5 – 15(c)可知试块的氯离子化学结合量随 SF 掺量增加变化不明显,图 5 – 15(d)可知试块的氯离子化学结合量随着 SF 与 FA 双掺中 FA 掺量的增加而增大。

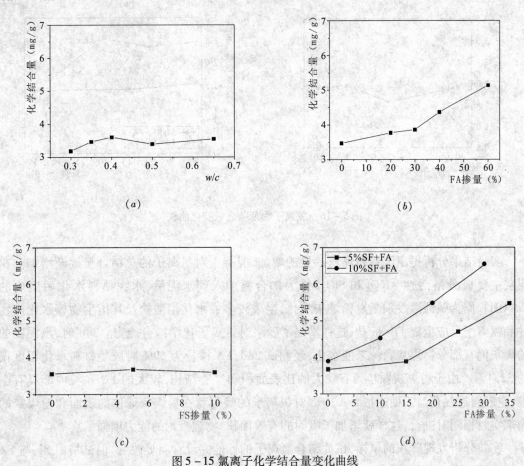

图 5 – 15 氯离子化学结合量变化曲线

2.物理吸附分析

混凝土对氯离子的物理吸附与水胶比、矿物掺量关系曲线见图 5 – 16。水胶比变化对试块的物理结合氯离子的性能影响较显著,水胶比的增大,物理吸附量也增大。随着 FA 掺量的增大,试块对氯离子的物理吸附能力增强,但是在 FA 掺量为 30% 以下时,28d 物理吸附能力较标准组降低。SF 掺量对试块物理吸附氯离子影响不明显,SF 与 FA 双掺对试块物理吸附氯离子的影响也不显著。

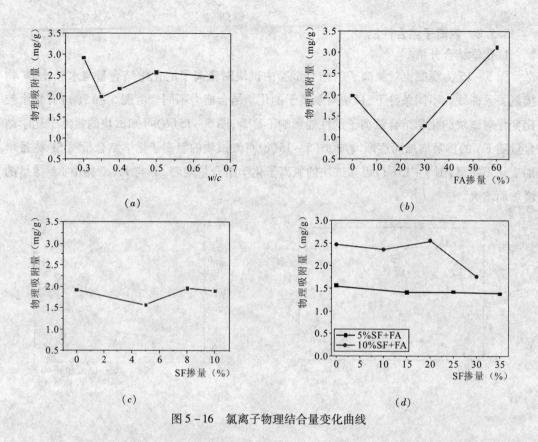

图 5 – 16   氯离子物理结合量变化曲线

实验结果分析得出随着粉煤灰掺量的增加,混凝土对氯离子的总结合量逐渐增加。粉煤灰主要成分是活性 Al_2O_3 和 SiO_2,作为掺合料加入到水泥后,水泥熟料水化后生成的 $Ca(OH)_2$ 作为碱性激发剂激发粉煤灰水化,生成较多的水化铝酸盐及其衍生物等水化产物并和氯离子反应生成 Friede 盐,这样增强了砂浆对氯离子化学结合能力。28d 时,水泥中的粉煤灰仍有部分粉煤灰颗粒未能水化,经测试 28d,FA 掺量为 60% 时胶凝材料水化程度仅为 32.4%。由于粉煤灰颗粒具有较大的比表面积和空心结构,较大的 FA 颗粒内部具有空腔,空腔通过气孔与表面连接,FA 内部对氯离子的吸附就在粉煤灰球体的表面和粉煤灰的内部空腔相同时进行,这样就增加了吸附的有效面积,物理吸附的能力增强了。

实验分析发现硅灰的单掺,试件结合氯离子的性能并没有明显改变,但试块中 SF 与 FA 双掺明显提高了结合氯离子的能力,提高了试件对氯离子结合量,且随着粉煤灰掺量的增加而增加。同时实验研究还发现,10% SF 掺量与 FA 双掺组合的效果比 5% SF 掺量与 FA 双掺组合的效果好。

3. 氯离子结合的相关性研究

实验过程中采用可蒸发含水量法测混凝土孔隙率,通过氯离子结合量与孔隙率的曲线拟合,分析了氯离子结合量与孔隙率的相关性,见图 5 – 17。

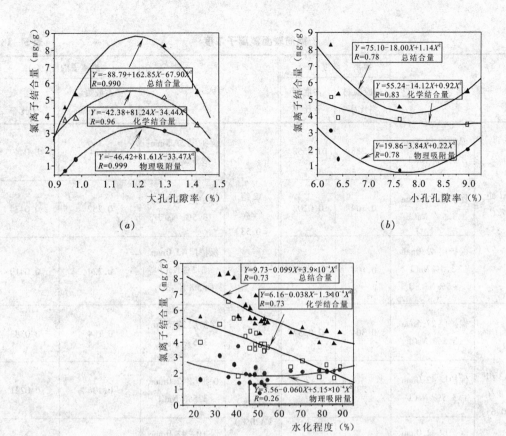

图 5 – 17　氯离子结合量与混凝土孔隙率相关性

由图 5 – 17 可知,试块对氯离子的结合量与孔径为 30nm 以上的粗毛细孔有很好的相关性,其中物理吸附量、化学结合量和总结合量与粗毛细孔的相关性分别达到了 0.999、0.960 和 0.990。而试块对氯离子的结合量与孔径为 30nm 以下细毛细孔仅具有一定相关性,其中物理吸附量、化学结合量和总结合量与细毛细孔的相关性分别为 0.78、0.83 和 0.78。由图 5 – 17(c) 可知,试块的水化程度与其对氯离子的物理吸附性能相关性较差,相关系数仅为 0.26,而水化程度对氯离子化学结合能力的相关性较好,相关系数为 0.73。这主要是由于水化产物中的水化铝酸盐及其衍生物等物质和氯离子反应生成了 Friede 盐,这类水化产物越多则化学结合氯离子的能力就越强。

5.5.3　氯离子临界浓度

城市地下结构锈蚀氯离子侵蚀模拟实验中,地下钢筋混凝土结构锈蚀氯离子临界浓度模拟实验中,直到各个试件腐蚀电流量发生突变,认为此时混凝土钢筋开始锈蚀,对应的钢筋表面氯离子浓度即为每个试件的临界氯离子浓度值。试验中测得的各个试块对应的钢筋表面临界氯离子浓度值,见表 5 – 18 所示。

编号		氯离子浓度（%）		编号		氯离子浓度（%）	
		占胶凝材料比率	占混凝土比率			占胶凝材料比率	占混凝土比率
A1 组（W/C＝0.35）	保护层 27.5mm，3.5% NaCl	0.288	0.0558	A2 组（w/c＝0.53）	保护层 27.5mm，3.5% NaCl	0.24	0.0449
	保护层 42.0mm，3.5% NaCl	0.104	0.0202		保护层 42.0mm，3.5% NaCl	0.232	0.0434
	保护层 42.0mm，3.5% NaCl＋5% Na₂SO₄	0.104	0.0202		保护层 42.0mm，3.5% NaCl＋5% Na₂SO₄	0.224	0.0419
A3 组（W/C＝0.65）	保护层 27.5mm，3.5% NaCl	0.304	0.0557	A4 组（w/c＝0.35 FA20%）	保护层 27.5mm，3.5% NaCl	0.184	0.0383
	保护层 42.0mm，3.5% NaCl	0.298	0.0546		保护层 42.0mm，3.5% NaCl	0.106	0.0221
	保护层 42.0mm，3.5% NaCl＋5% Na₂SO₄	0.272	0.0498		保护层 42.0mm，3.5% NaCl＋5% Na₂SO₄	0.094	0.0195

    图 5－18 为钢筋保护层厚度 29.5mm 和 42mm 的混凝土试件的电流与通电时间的关系。钢筋保护层厚度对混凝土的保筋性能有重要的影响,相同的钢筋保护层厚度条件下,降低混凝土水胶比有效降低了混凝土的电流强度和延长电流稳定时间,粉煤灰的掺入降低了混凝土的电流强度和延长电流稳定时间。实验结果说明,在城市地下结构耐久性设计中,合理设计混凝土结构钢筋保护层厚度值十分重要。

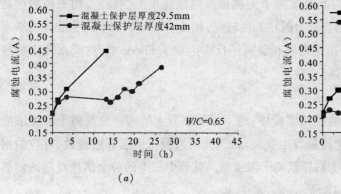
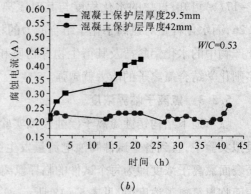

图 5－18 保护层影响下通电时间与电流变化(一)

(a) W/C＝0.65；(b) W/C＝0.53；

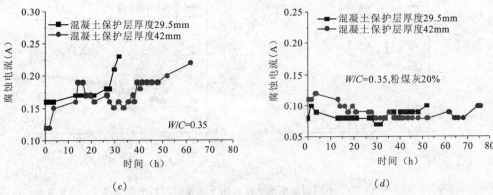

图 5-18 保护层影响下通电时间与电流变化(二)

$(c) W/C = 0.35;(d) W/C = 0.35,FA20\%$

在氯离子及硫酸根离子共同侵蚀作用中,实验结果显示,不同溶液条件下,氯离子在混凝土内部的扩散性能不同。图 5-19 为保护层厚度为 42mm 的混凝土试件分别在 3.5% 的 NaCl 溶液和 3.5% NaCl + 5% Na₂SO₄ 溶液中的通电时间与电流强度的变化情况。在 3.5% NaCl + 5% Na₂SO₄ 溶液中浸泡的混凝土试件,其通过的电流强度均低于在 3.5% NaCl 溶液中的电流强度。实验结果说明在硫酸盐和氯盐的共同作用下,钢筋的锈蚀速率要低于氯盐单独作用的条件,这主要是由于硫酸盐进入混凝土后与水泥的水化产物发生了化学反应,反应产物填充在混凝土内部的孔隙中,增加了混凝土的密实性,最终导致了钢筋的锈蚀速率低于氯盐单独作用条件。可知,多侵蚀因素作用下的地下结构耐久性问题复杂,在一定条件下,多因素对钢筋混凝土的腐蚀速度不一定快于单纯因素侵蚀下的腐蚀速度。

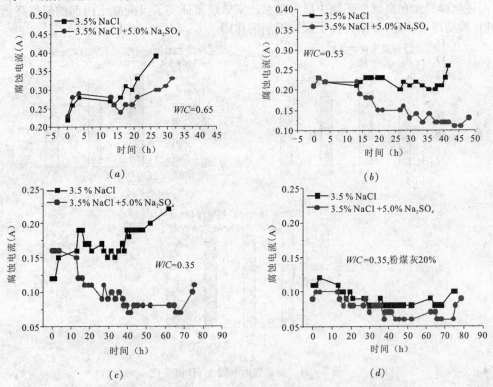

图 5-19 氯离子与硫酸根离子作用下通电时间与电流变化

$(a) W/C = 0.65;(b) W/C = 0.53;(c) W/C = 0.35;(d) W/C = 0.35,FA20\%$

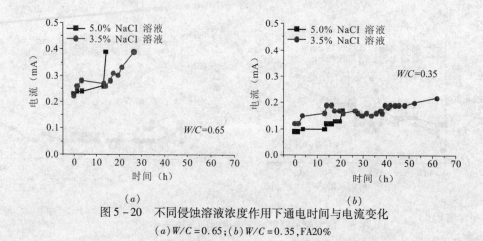

图 5-20 不同侵蚀溶液浓度作用下通电时间与电流变化
$(a)W/C=0.65;(b)W/C=0.35,FA20\%$

图 5-20 为保护层厚度为 42mm 的混凝土试件在浓度分别为 5.0% 和 3.5% 的 NaCl 中的通电时间电流强度的变化。溶液浓度对钢筋锈蚀的速率影响较大,5% NaCl 溶液中测试的混凝土试件,在较短的时间内电流强度均出现了突增。

图 5-21 为钢筋表面混凝土水溶后的 pH 值。$[Cl^-]$ 的侵入降低了混凝土内部的 pH 值。混凝土内部的 pH 值测试结果较低,侵入的氯离子的化学反应产物消耗了部分混凝土内的 $Ca(OH)_2$,从而降低了 pH 值,实验结果发现粉煤灰的掺入使混凝土变得密实,延缓使氯离子侵入的时间,提供高了混凝土抵抗氯离子侵蚀性能。有研究认为混凝土内部是一个高碱性的环境,这种环境可以在混凝土内的钢筋表面生成已成致密的钝化膜,钝化膜保护钢筋,而钝化膜只能在高碱性环境中稳定存在。实验现象证实了当混凝土内部的碱性降低后,使钝化膜变得不稳定,逐渐失去了保护钢筋的作用。

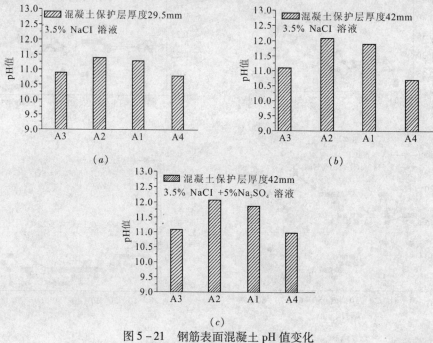

图 5-21 钢筋表面混凝土 pH 值变化

临界浓度值采用总氯离子(Cl_{Total})占混凝土重量百分比的形式表达。经过实验数据的分析,考虑到实验时间的局限性(实验为快速腐蚀实验,腐蚀时间很短,实际工程腐蚀时间长),在实际应用中适合城市地下结构混凝土钢筋锈蚀临界(Cl_{Total})浓度值推荐为 0.05%,见表 5-19,该值综合考虑了混凝土对氯离子的结合及吸附性能的影响。

城市地下结构混凝土钢筋锈蚀临界[Cl^-]浓度推荐值　　　　　表 5-19

实验样本	样本 1	样本 2	样本 3	样本 4	样本 5	样本 6
临界氯离子浓度(%)	0.0558	0.0202	0.0557	0.0546	0.0498	0.0202
实验样本	样本 7	样本 8	样本 9	样本 10	样本 11	样本 12
临界氯离子浓度(%)	0.0449	0.0434	0.0419	0.0383	0.0221	0.0195
实验样本临界氯离子浓度均值(%)					0.04	
城市地下结构临界氯离子浓度值(%)					0.05	

5.5.4　临界浓度讨论

文献调研获得的大量试验研究及成果工程实践表明,只有当混凝土结构中的氯离子含量达到一定界限时,混凝土中的钢筋才能发生锈蚀,这个浓度称为临界氯离子浓度 C_{cr}。临界氯离子浓度一般用三种表达方式:1)用氯离子与氢氧根浓度的比值[Cl^-]/[OH^-]表示;2)自由氯离子[Cl^-]占水泥或混凝土质量百分比表示;3)总氯离子[Cl^-]占混凝土的质量比或水泥质量比表示。依据研究经验,临界氯离子含量受到诸多因素影响,很多学者对临界氯离子含量 C_{cr} 进行了试验研究,提出了不同看法。从目前的研究报道来看,不同的实验得到的氯离子临界浓度值并不相同,因为所用的混凝土材料不同、试件类型不同和实验方法不同,本质原因是因为混凝土钢筋脱钝锈蚀影响因素较多,包括水泥种类、C_3A 含量、辅助胶凝材料、混凝土组成成分、混凝土温湿度条件及钢筋表面防锈处理等因素。

也有学者采用经验公式依据某些物理量的测试数据,通过经验公式计算确定临界氯离子浓度。如 Alonso C.[20]等基于腐蚀电流确定氯离子浓度,依据实验结果拟合得到如下经验公式:

$$\log I_{mean} = -1.07 + 0.76\log(\% Cl^-) \tag{5-26}$$

$$\log I_{mean} = -0.74 + 0.64\log(\% Cl^-) \tag{5-27}$$

$$\log I_{mean} = -1.04 + 0.57\log(Cl^-/OH^-) \tag{5-28}$$

式中　I_{mean}——腐蚀电流平均值,以 $0.2\mu A/cm^2$ 为钢筋脱钝电流。由此得到氯离子临界浓度值,见表 5-20 所示。

Alonso 提出的氯离子临界浓度值　　　　　表 5-20

总[Cl^-]含量(占水泥重量/%)	自由[Cl^-]含量(占水泥重量/%)	[Cl^-]/[OH^-](孔隙溶液)
1.24~3.08	0.39~1.16	1.17~3.98

Morris W.[21]等通过对于暴露海岸和浸没区的混凝土浇筑圆柱体试块实验研究得到混凝土电阻率 ρ 来确定氯离子临界浓度公式:

$$[Cl^-_{TH}] = 0.019\rho + 0.401 \tag{5-29}$$

给出了电阻率 ρ 在 $2k\Omega \cdot cm \sim 100k\Omega \cdot cm$ 变化范围内的 [Cl^-_{TH}] 浓度。

早期 Berke[22]等人模拟混凝土孔隙溶液的实验结果表示,氯离子含量临界值为$[Cl^-]/[OH^-]=0.6$,后来的研究将此值扩展到 0.25~2.5 之间。Taylor[23]等人实验测试的临界浓度总氯离子含量为水泥质量的 0.1%~1.0% 之间,最大相差值达到 10 倍。Alonso[24]收集了不同条件下临界氯离子含量测试结果,见表 5-21。

氯离子临界浓度汇总资料 表 5-21

实验条件	试件环境	临界浓度范围			检测方法
		自由氯离子(水泥质量百分比)	总氯离子(水泥质量百分比)	$[Cl^-]/[OH^-]$	
模拟混凝土孔隙溶液	溶液			0.6	腐蚀电位
模拟混凝土孔隙溶液	溶液			0.35	阳极极化、腐蚀电位
钢筋在含氯的碱溶液	溶液			0.25~0.8	平均腐蚀速度
砂浆试件	普通水泥 矿渣水泥		2.42 1.21		阳极极化
高碱或低碱水泥	砂浆 80% RH100% RH	0.6~1.8 0.5~1.7		2.5~6.0 1.7~2.6 1.7~2.6	腐蚀速度
普通水泥和矿渣水泥加氯离子	普通水泥 矿渣水泥			0.15~0.69 0.12~0.44	腐蚀速度
三种水泥砂浆,外部氯离子侵蚀	100% RH 50% RH		0.6~1.4		恒电位实验电流密度
混凝土板浸泡于 10% 的海水中	海水环境			1.8~2.9	腐蚀速度
混凝土暴露于外部氯盐中	氯盐侵蚀			3.0	腐蚀速度
混凝土加$[Cl^-]$	普通水泥 矿渣水泥		3.04 1.01		阳极极化
钢筋未预处理	普通水泥		0.60		阳极极化
氯盐外加剂中等强度混凝土高强混凝土高强混凝土+辅助材料高强混凝土+辅助材料+粉煤灰	混凝土	1.15 0.85 0.80 0.45			假定临界值为: $[Cl^-]/[OH^-]=0.6$ 计算自由氯离子含量
不同 A_3C 含量水泥 $A_3C=2.43\%$ $A_3C=7.59\%$ $A_3C=14.0\%$	混凝土	0.14 0.17 0.22	0.35 0.62 1.00		假定临界值为: $[Cl^-]/[OH^-]=0.3$
混凝土掺加$[Cl^-]$暴露于$[Cl^-]$环境	普通混凝土 矿渣水泥 粉煤灰		0.5~1.0 1.0~1.5 1.0~1.5		

实验条件	试件环境	临界浓度范围			检测方法
		自由氯离子(水泥质量百分比)	总氯离子(水泥质量百分比)	$[Cl^-]/[OH^-]$	
混凝土试件海洋暴露			0.5		目测质量损失
粉煤灰钢筋混凝土海洋暴露 粉煤灰 = 0% 粉煤灰 = 15% 粉煤灰 = 30% 粉煤灰 = 50%			0.70 0.65 0.50 0.20		质量损失
混凝土板掺加[Cl⁻]	普通水泥		0.097		腐蚀速度
不同暴露条件			- 0.19		交流阻抗质量损失
砂浆试件	0.39 ~ 1.16	1.24 ~ 3.08	1.17 ~ 3.98		电流密度

Frederiksen J. M.[25]统计了模拟海洋环境下不同区域的氯离子临界浓度含量,见表5 - 22。

模拟海洋环境下的氯离子临界浓度   表 5 - 22

混凝土类型	水下区(水泥质量百分比)		浪溅区(水泥质量百分比)		大气区(水泥质量百分比)	
	范围	实验方法	范围	实验方法	范围	实验方法
$W/B = 0.5$						
100% CEMI	1.5 ~ 2.0	暴露实验	0.6 ~ 1.9	暴露实验		
100% CEMI	1.6 ~ 2.5	室内实验	1.2 ~ 2.7	室内实验	1.5 ~ 2.2	室内实验
100% CEMI	>2.0	现场实验	0.3 ~ 1.4	现场实验		
5% SF	1.0 ~ 1.9	暴露实验				
5% SF	0.8 ~ 2.2	室内实验				
20% FA			0.3 ~ 0.8	现场实验		
$W/B = 0.4$						
100% CEMI	>2.0	暴露实验	0.9 ~ 2.2	暴露实验		
100% CEMI	>2.2	室内实验				
5% SF	>1.5	暴露实验				
$W/B = 0.3$						
100% CEMI	>2.2	暴露实验	>1.5	暴露实验		
5% SF	>1.5	暴露实验	>1.0	暴露实验		
20% FA	1.4	暴露实验	0.7	暴露实验		

北欧环境临界氯离子浓度值

表 5 - 23

混凝土类型	水下区 （胶凝材料质量百分比）	海洋浪溅区 （胶凝材料质量百分比）	除冰盐溅区 （胶凝材料质量百分比）	大气区 （胶凝材料质量百分比）
$W/B = 0.5$				
100% CEMI	1.5	0.6	0.4	0.6
5% SF	1.0	0.4	0.3	0.4
10% SF	0.6	0.2	0.2	0.2
20% FA	0.7	0.3	0.2	0.3
$W/B = 0.4$				
100% CEMI	2.0	0.8		
5% SF	1.5	0.5		
10% SF	1.0	0.3		
20% FA	1.2	0.4		
$W/B = 0.3$				
100% CEMI	2.2	1.0	0.8	1.0
5% SF	1.6	0.6	0.5	0.6
10% SF	1.2	0.3	0.3	0.4
20% FA	1.4	0.5	0.4	0.5

注：1. 适合无裂缝构件，或者裂缝宽度小于 0.1mm 的构件；

    2. 同时保护层厚度大于 25mm；

    3. 欧盟标准 EN197 - 1:2000 CEM I。

    Frederiksen J. M. 认为氯离子临界值随着暴露环境变化，混凝土结构构造包括保护层厚度、混凝土种类及混凝土与钢筋的粘结程度也有所影响。他建议北欧环境混凝土临界氯离子含量可以采用表 5 - 24 值。美国 ACI 对混凝土氯离子含量的限值规定见表 5 - 25、表 5 - 26 和表 5 - 27。

ACI 201 规定的氯离子限值

表 5 - 24

在服役暴露前以水泥质量百分数计的水溶性氯离子限值	
结 构 类 型	限值（%）
预应力混凝土	0.06
暴露于氯盐湿环境中的钢筋混凝土	0.10
非氯盐湿环境钢筋混凝土	0.15
干燥环境地面以上的道筑结构	—

ACI 318 - 99 规定的氯离子限值（水泥质量的%）

表 5 - 25

结 构 类 型	以水泥质量百分数计的最大水溶性氯离子限值（%）
预应力混凝土	0.06

结 构 类 型	以水泥质量百分数计的最大水溶性氯离子限值(%)
氯盐环境中的钢筋混凝土	0.15
使用环境中的干燥或者防湿的钢筋混凝土	1.00
其他钢筋混凝土结构	0.30

ACI 222R -96 规定的氯离子限值（水泥质量的%）　　　　表 5 -26

项　次	新建结构氯离子限值(以水泥质量百分比计%)		
	酸溶性	水溶性	
实验方法	ASTMC 1152	ASTMC 1218	SOxhlet
预应力混凝土	0.08	0.06	0.06
湿环境中的钢筋混凝土	0.10	0.08	0.08
干燥条件下钢筋混凝土	0.20	0.15	0.15

欧盟 Duracrete[26]采用概率的方法来描述混凝土中氯离子临界浓度值,见表 5 -27。

欧盟 Duracrete 规定的氯离子限值　　　　表 5 -27

水泥种类	水胶比 W/B	所处环境	特征值(胶凝材料百分比)
普通水泥	0.5	水下区	1.6
普通水泥	0.4	水下区	2.1
普通水泥	0.3	水下区	2.3
普通水泥	0.5	浪溅、潮差区	0.5
普通水泥	0.4	浪溅、潮差区	0.8
普通水泥	0.3	浪溅、潮差区	0.9

我国《水运工程混凝土施工规范》JTJ 268 -96 规定的氯离子临界浓度（水泥百分含量）见表 5 -28 所示。

《水运工程混凝土施工规范》JTJ 268 -96 规定的氯离子限值（水泥质量的%）　　表 5 -28

环境条件	预应力混凝土	钢筋混凝土	素混凝土
海水环境	0.06	0.10	1.30
潜水环境	0.06	0.30	1.30

Browne R. D.[27]提出了一个氯离子含量与钢筋锈蚀危险性对应关系建议值,见表 5 -29。

Cl⁻含量占水泥量(%)	Cl⁻含量占混凝土量(%)	锈蚀危险性(定性判断)
>2.0	>0.36	肯定锈蚀
1.0~2.0	0.18~0.36	很可能锈蚀
0.4~1.0	0.07~0.18	可能锈蚀
<0.4	<0.07	可忽略锈蚀

中港四航局科研所的实验结果见表 5 – 30。

暴露试件区域	浪 溅 区		水位变动区	水下区
锈蚀情况	少量锈斑	锈积率≤10%	少量锈斑	少量锈斑
Cl⁻含量(%)	0.154~0.193	0.158~0.275	0.250~0.379	0.292~0.483
平均 Cl⁻含量(%)	0.178	0.214	0.322	0.345

我国华南海港码头的调查结果得出,浪溅区的临界氯离子浓度为混凝土质量比的 0.059%~0.107% 之间。还有些学者[28]建议临界氯离子含量值在 0.024%~0.048% 之间。Buenfeld[29](1995)在大量文献调研的基础上提出临界氯离子含量值在 0.17%~2.5% 之间,他们建议欧洲普遍环境下采用0.4%,比较恶劣的环境下采用0.2%。

目前有关氯离子临界浓度值的研究报道,大多数针对海洋侵蚀环境,对于城市地下结构的环境的侵蚀特点尚无专门研究。本文主要针对城市地下结构侵蚀环境特点,通过城市地下结构锈蚀模拟实验,经过实验数据的分析,在该地区具有良好的适应性。在类似条件下推荐城市地下结构混凝土氯离子临界浓度值为 0.04%~0.05%,该值考虑了混凝土对氯离子的结合及吸附性能影响,为城市地下结构混凝土氯离子侵蚀寿命预测提供了参考。

5.6 微观结构分析

5.6.1 氯盐侵蚀的微观结构

侵蚀实验后,对部分试块进行切片,开展了氯盐侵蚀试块的 SEM 扫描及 EDS 分析工作,以便从微观角度研究氯离子结合物的形态、化学成分及影响混凝土结构耐久性的微观结构形态,图 5 – 22 为氯盐侵蚀试块的 SEM 及 EDS 分析成果。

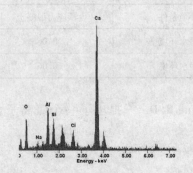

(a) (b)

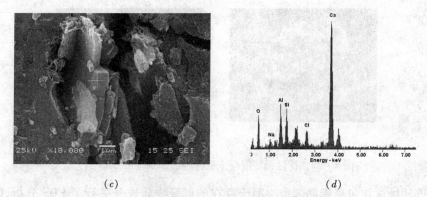

(c) (d)

图 5-22   氯盐侵蚀试块的 SEM 及 EDS 分析

(a)试块 1 的 SEM;(b)试块 1 的 EDS;(c)试块 2 的 SEM;(d) 试块 2 的 EDS

　　由图 5-22 可知,在水化产物中出现斜方六面体状晶体,经过 EDS 分析,该晶体中主要含有 Ca、Al 以及 Cl 等元素。根据试件的侵蚀机理、该结晶体的形状以及主要化学组成,可以推断该晶体是水泥水化产物与氯离子结合所生成的 Friede 盐,该产物对结构耐久性有利。侵入到混凝土中的氯离子,被试块结合越多,则产生结晶侵蚀或是侵蚀钢筋的氯离子就减少,因此提高混凝土结合氯离子的性能可以提高混凝土的耐久性。从微观角度分析,尽量使城市地下结构混凝土形成 Friede 盐,有利于抵抗氯盐侵蚀,提高结构的耐久性。

5.6.2 快速腐蚀的微观结构

　　氯离子侵蚀的锈蚀钢筋混凝土试件内部微观结构 SEM 扫描见图 5-23 所示。图 5-23 (a)和图 5-23(b)为正常水化试件的混凝土内部,可见混凝土内部水化产物生成良好,结构致密。图 5-23(c)~(h)为锈蚀钢筋的混凝土试块钢筋周围的混凝土微观结构,由图 5-23 (c)~(h)可见,混凝土呈现松散状态,部分区域出现较大孔洞,并出现类似锈蚀产物的可疑物质[见图 5-23(e)~(h)所示]从微观结构角度揭示了钢筋锈蚀产生的体积膨胀,产生的拉应力把包裹钢筋的周围混凝土拉裂。

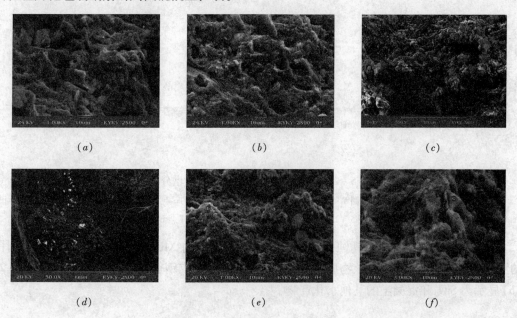

(a) (b) (c)

(d) (e) (f)

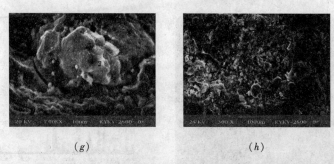

(g)　　　　　　　　　　　(h)

图 5 - 23　锈蚀钢筋混凝土试件内部 SEM 测试(A3 组)

　　对钢筋锈蚀试块包裹钢筋部位混凝土存在的可疑物质成分进行了 EDS 分析,EDS 分析测试结果见图 5 - 24 和图 5 - 25 所示。其中,锈蚀钢筋混凝土试件内部可疑物质 EDS 分析见图 5 - 24 所示,混凝土内部可疑物质主要含有 Ca、Si、Al 等元素的是水泥的水化产物,可疑物质主要含有 Cl、Fe 元素的主要是侵入混凝土中的氯化钠以及钢筋的锈蚀产物,这说明钢筋已经出现锈蚀。从微观结构分析角度,证明实验中混凝土的钢筋已经发生锈蚀。

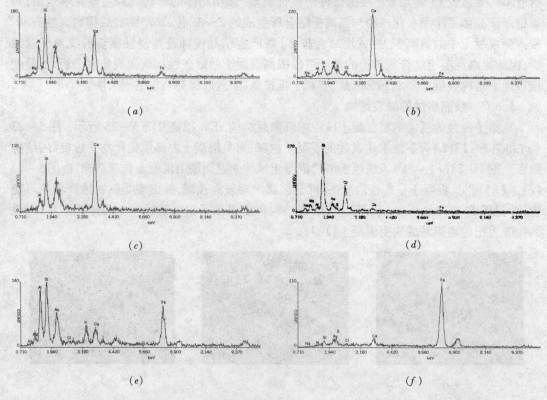

图 5 - 24　混凝土内部可疑物质 EDS 谱分析

(a)图 5 - 23(e)a 点 EDS 谱;(b)图 5 - 23(e)b 点 EDS 谱;(c)图 5 - 23(f)c 点 EDS 谱;(d)图 5 - 23(g)d 点 EDS 谱;
(e)图 5 - 23(h)e 点 EDS 谱;(f)图 5 - 23(h)f 点 EDS 谱

　　图 5 - 25 为在混凝土内锈蚀钢筋周围取样粉末进行的 XRD 测试分析。锈蚀钢筋周围的混凝土粉末中含有 NaCl,该物质主要由外界侵入,是造成钢筋锈蚀的主要原因,图 5 - 25 (b)显示为 SiO_2 和混凝土的其他水化产物。

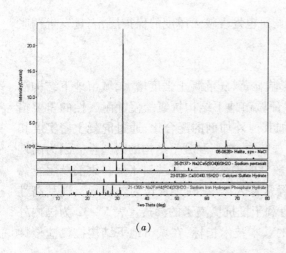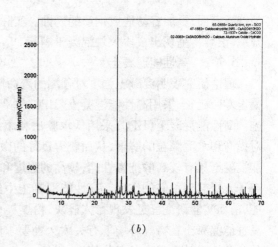

(a) (b)

图 5-25 锈蚀钢筋周围混凝土粉末的 XRD 分析

(a) 粉末样 1；(b) 粉末样 2

通过微观测试进一步说明，氯盐到达钢筋表面后对钢筋造成了腐蚀，腐蚀产物膨胀，导致钢筋周围的混凝土孔隙增大，由致密变为松散，结构出现劣化。

5.7 氯盐侵蚀保护技术

提高城市地下结构氯盐侵蚀耐久性的技术措施主要有从钢筋混凝土材质本身出发的内在措施及事后补救措施。结合城市地下结构特点，结构耐久性保证措施有：提高混凝土保护层厚度，采用高性能混凝土、混凝土构件封闭，改善钢筋材料及钢筋涂层，掺入阻锈剂，采取阴极保护与防止碱骨料反应等。

5.7.1 适当增加保护层厚度

分析表明随着相对保护层厚度增加，锈胀开裂临界锈蚀率快速增加，说明了增加混凝土保护层厚度在抗氯盐侵蚀耐久性设计方面具有重要意义。在地下结构设计中增加混凝土保护层厚度是提高钢筋混凝土使用寿命最简单和经济的做法，这种做法在国内外均广泛采用。表 5-31 是国外规范规定的具有结构耐久性要求的混凝土保护层厚度值，可以作为城市地下结构抗氯盐侵蚀耐久性设计要素。

国外规范对保护层厚度规定（单位：mm）   表 5-31

规范	CEB-FIP model code	AC1357	BS6235	BS8110
厚度	65(90)	65(90)	75(100)	60(60)
规范	DNV OSF201	AS1481	CEB-FIP	ENV 1993
厚度	40(1.5d)	75(100)	45(45)	45~50(55)

注：括号内对应预应力混凝土结构；d 为钢束直径。

混凝土保护层厚度增大，可以更好地保护钢筋表面形成的钝化膜，延长氯离子入侵到钢筋表层而破坏钝化膜的时间。当然，保护层厚度应该在一个适当的范围内，因为太大的保护层厚度过多地增加了结构自重，容易形成干缩或者荷载作用下的微裂缝，使氯离子直接入侵到钢筋表面,更加容易造成钢筋的锈蚀。实际调研也发现较大厚度的保护层,一旦发生锈胀开裂,很容易呈现出成段大块混凝土剥落。

5.7.2 高性能混凝土

理论研究表明混凝土强度对预测的寿命影响显著,随混凝土强度增大,城市地下结构混凝土寿命延长,采用高性能混凝土(HPC)是保证城市地下结构抗氯盐侵蚀耐久性的重要措施。高性能混凝土(HPC)采用低水胶比和添加其他外加剂的配合比,通过混凝土密实度相对提高和水泥颗粒的解聚,从而获得良好的微观结构,提高混凝土结构的耐久性。因为高性能混凝土具有较高的抗渗性能,较高的强度和较低的徐变性能,这些对于保护钢筋及阻止氯离子入侵起到很好的作用。高性能混凝土中经常掺入硅灰、粉煤灰作为外掺剂实现其高性能,前面实验研究已经发现掺入硅灰、粉煤灰有利于抵抗氯离子的渗透。表5-32为国内外高性能混凝土在特殊环境下有关耐久性要求的基本技术指标,在城市地下结构抗氯盐侵蚀的耐久性设计中具有参考价值。

国内外规范混凝土耐久性指标 表5-32

规范代号	最大水胶比/最小强度	抗冻耐久性指标 DF	[Cl^-]含量限值
CCES01-2004	0.5,C35	≥70%	≤0.10%
ACI357	0.5,C35	≥85%	≤0.10%
日本规范 AIJ98	0.45,—	≥70%	≤0.3kg/m^3
BS8810	0.5,C40	—	≤0.20%

5.7.3 表面涂层

表面涂层技术主要包括混凝土表面涂层技术及钢筋表面涂层技术。混凝土表面涂层具有阻绝氯离子与混凝土接触的功能,是阻止氯离子入侵到钢筋的第一道防线。目前成熟的技术有混凝土表面涂层、渗透型涂层及隔离型涂层[30],见表5-33。

常用表面涂层材料类型 表5-33

涂层类型	涂层材料分类	典型涂层材料
混凝土表面涂层	沥青、煤焦油类;油漆类;树脂类	
混凝土渗透型涂层	有机类涂料	混凝土碳化保护剂
	无机类涂料	水泥基渗透结晶涂料
混凝土隔离型涂层	纤维增强类	—
	聚氨酯强化类	湿固化型防水涂层

对于钢筋涂层主要有还氧树脂涂层钢筋和镀锌钢筋。其中,还氧树脂涂层钢筋具有良好的耐碱性和耐化学腐蚀性能,能很好抵抗包括氯离子的入侵腐蚀。还氧树脂涂层钢筋涂层的最主要缺点是降低了钢筋与混凝土的握固力,牺牲了材料的力学性能。镀锌钢筋的使用效果不稳定,主要在于镀锌层本身的稳定性难以保证。致使涂层钢筋技术,在工程领域难于大面积推广。

5.7.4 阻锈添加剂

阻锈剂能阻止或者减少混凝土中钢筋的锈蚀,阻锈剂分为阳极型阻锈剂、阴极型阻锈剂和复合型阻锈剂。阳极型阻锈剂作用是提高钝化膜的抵抗氯离子渗透性,提高钢筋锈蚀氯离子临界浓度,从而达到保护钢筋的目的。阴极型阻锈剂是有选择地吸附在阴极区,形成吸附膜,从而阻止电化学反应。表5-34为常用阻锈剂的种类及掺量,可为城市地下结构耐久性混凝土设计参考。

常用阻锈剂种类及掺量 表5-34

阻锈剂	类　型	参考掺量
亚硝酸钠	阳极型	无氯盐:水泥掺量的1%~2%
		有氯盐:大于水泥掺量的2%
亚硝酸钙	阳极型	参量比亚硝酸钠高,约4%
硝酸钙	阳极型	水泥掺量的2%~4%
锣酸钠	阳极型	水泥掺量的2%~4%
氯化亚锡	阳极型	水泥掺量的2%~3%

阻锈剂一般在施工时加入到混凝土中,有资料表明其本身的耐久性能保持50年以上,但是在酸性环境中使用效果差,阻锈剂与高性能混凝土共同使用效果良好。

5.7.5　新型阻锈钢筋

在结构耐久性保证措施中,阻锈钢材主要包括不锈钢材和耐蚀合金钢材[30]。合金钢筋的研究仍然处在研究阶段,在工程实际用应中,仅有日本少量工程使用合金钢筋来解决结构耐久性问题。

不锈钢材在国外已经得到应用,早在1941年的墨西哥Yucatan海港工程就应用了不锈钢筋,20年后检测发现效果良好。之后,不锈钢筋开始在一些重要工程中应用,如香港青马大桥和美国的Slough大桥的重要构件均采用了不锈钢筋。由于不锈钢筋造价较高,一般采用普通钢筋与不锈钢筋混合使用的思想,使工程造价控制在可以接受的范围内。在重要的城市地下工程中也可采用不锈钢筋来满足地下结构耐久性的需求。

主要参考文献:

[1]徐强,俞海勇. 大型海工混凝土结构耐久性研究与实践[M].北京:中国建筑出版社,2008.

[2] 柯伟主编. 中国腐蚀调查报告[R]. 北京:化学工业出版社,2003,07.

[3]Bormforth P. , The Derivation of Input Data for Modeling Chloride Ingress From Eight-year UK Coastal Exposure Trials [J], Magazine of Concrete Research, 1999, 51(2): 87-96.

[4]Adam Neville, Chloride Attack of Reinforced Concrete:an Overview [J], Materials and Structures, 1998, 28 (3): 63-70.

[5]Suryavanshi A. K. , Estimation of Diffusion Coefficient for Chloride Ion Penetration into Structural Concrete [J], ACI Materials Journal, 2002, 99(5):65-71.

[6]张誉等. 混凝土结构耐久性概论[M]. 上海:科学技术出版社,2003.

[7]美国ACI委员会报告.混凝土中金属的腐蚀.海工钢筋混凝土耐久性译文集.上海:交通部第三航务工程科研所,1988.

[8] 刘秉京编著. 混凝土结构耐久性设计[M].北京:人民交通出版社,2007.

[9] Collepardi M. ,Marciali A. and Tueeriziani R. The kinetics of chloride ions penetration in concrete[R]. in I-talian,II Cemento, No.4(1970)157 – 164.

[10] 余红发,孙伟等.混凝土使用寿命预测方法的研究I – 理论模型[J].硅酸盐学报,2002. 30(6):686 – 690.

[11] Maage M. , Service Life Prediction of Existing Concrete Structures Exposed to Marine Environment [J], ACI Materials Journal, 1996,93(6):893 – 901

[12] Amey S. L. ,Johnson D. A. , Farzam H. Predicting the service life of concrete marine structures: an environmental methology[J]. ACI structure journal, Vol.95(2)1998,205 – 214.

[13] Kassir, Mumtaz K. ; Ghosn, Michel. Chloride – induced corrosion of reinforced concrete bridge decks. Cement and Concrete Research, v 32, n 1, p 139 – 143, January 2002.

[14] 金伟良,赵羽习.混凝土结构耐久性[M].北京:科学出版社,2002.

[15] Berke N.S. , Hicks M.C. Predicting chloride profiles in concrete. Corrosion, v 50, n 3, p 234 – 239, Mar 1994.

[16] 美国混凝土协会标准. ASTM C 1202 – 1997,1997.

[17] 住房和城乡建设部《混凝土耐久性检验评定标准》JCTC 193 – 2009.

[18] 铁道部《铁路混凝土结构耐久性设计暂行规定》铁建设[2005]157 号.

[19] 冯乃谦.高性能混凝土[M].北京:中国建筑工业出版社,1996.

[20] Aloaso C. , Andrade C. , Castellote M. , Castrop, Chloride threshold values to depassivate reinforcing bars embedded in a standardized OPC mortar. Cement and Concrete Research, 2000. 30 : 1047 – 1055.

[21] Morris W. , Vázquez M. A migrating corrosion inhibitor evaluated in concrete containing various contents of admixed chlorides. Cement and Concrete Research, v 32, n 2, p 259 – 267, February 2002.

[22] Berke N. S. and Rosenberg A. 1989. "Technical Review of Calcium Nitrite Corrosion Inhibitor in Concrete", Transportation Research Record 1211, Concrete Bridge Design and Maintenance, Steel Corrosion in Concrete, Transportation Research Board, National Research Council, Washington D. C.

[23] Taylor W. P. Development of high integrity, maximum durability concrete structures for LLW disposal facilities. Waste Management 92: Working Towards a Cleaner Environment. Waste Processing, Transportation, Storage and Disposal, Technical Programs and Public Education. Proceedings of the Symposium on Waste Management, p 1479 – 83 vol.2, 1992.

[24] Alonso C. , And Rade C. , Castellote M. , Depassivate Reinforcing Bars Embedded in a Concrete Research, 2000, 30(4) : 1872 – 1951.

[25] Frederiksen J. M. Chloride threshold values for service life design[R], Second International RILEM Workshop on Testing and Modelling the Chloride Ingress into Concrete[A],2000,397 – 414.

[26] Frohnsdorff G. , 1999, Modeling Service Life and Life – Cycle Cost of Steel Reinforced Concrete, Report from the NIST/ACI/ASTM Workshop, November 9 – 10, 1998, National Institute of Standards and Technology Report NISTIR 6327, 43 p.

[27] Browne R. D. ,Blundell. R. The behaviour of concrete in prestressed concrete pressure vessels. Nuclear Engineering and Design. Volume 20, Issue 2, July 1972, Pages 429 – 475.

[28] Dehwah H. A. F. , et al. Effect of cement Alkalinit on pore solution Chemistry and Chloride – induced reinforcement corrosion. ACI materials, Journal May – Junly, 2002.

[29] Buenfeld N. R. ,Newman, J. B. EXAMINATION OF THREE METHODS FOR STUDYING ION DIFFUSION IN CEMENT PASTES, MORTARS AND CONCRETE. Materials and Structures/Materiaux et Constructions, v 20, n 115, p 3 – 10, Jan 1987.

[30] 黄君哲,周欲晓,王胜年,潘德强.海工混凝土结构表面涂层暴露试验及应用效果[J].中国港湾建设, 2002,12,17 – 21.

第6章 城市地下结构硫酸盐侵蚀劣化

6.1 引　言

硫酸根离子侵蚀是城市地下结构耐久性破坏主要因素之一,硫酸盐对混凝土的侵蚀机理有化学侵蚀与物理侵蚀(盐结晶),前者主要形成钙矾石与石膏,后者主要是水土中所含硫酸盐在衬砌混凝土表面结晶,形成盐霜,引起表层剥落破坏。硫酸盐侵蚀机理主要表现有以下几种:

6.1.1　物理结晶侵蚀

城市地下结构周围含有石膏、芒硝和其他盐类溶解的环境水,渗透到混凝土表面毛细孔和其他缝隙的盐类溶液,在干湿交替条件下,由于低温蒸发浓缩析出白毛状或梭柱状硫酸盐结晶,可产生很大结晶压力。结晶压力在混凝土内部引起过大的膨胀,致使混凝土由表及里、逐层破裂疏松脱落[1]。

比如,城市地下结构表层混凝土毛细孔隙中形成的硫酸钠结晶,在湿度适中的情况下继续变化形成十水硫酸钠晶体,产生明显的体积膨胀,化学反应过程如式(6-1)所示。

$$SO_4^{2-} + 2Na^+ + 10H_2O \rightarrow Na_2SO_4 \cdot 10H_2O \tag{6-1}$$

6.1.2　化学结晶侵蚀

当城市地下结构地下水中$[SO_4^{2-}]$浓度高于1000mg/L时,与水泥石中的$Ca(OH)_2$反应,生成含水石膏结晶,如式(6-2)所示。石膏结晶可引起约2倍的体积膨胀量,导致混凝土物理膨胀破坏。当$[SO_4^{2-}]$浓度低于1000mg/L时,铝酸三钙与$Ca(OH)_2$、SO_4^{2-}共同作用发生化学反应,生成高硫型或单硫型硫铝酸盐晶体,体积较增大约2.22倍,导致混凝土破坏。

在较高的硫酸盐溶液浓度条件下,城市地下结构混凝土发生严重的石膏型硫酸盐化学侵蚀,主要侵蚀化学方程式(6-2)[2]。

$$SO_4^{2-} + Ca(OH)_2 \rightarrow CaSO_4 \cdot 2H_2O \downarrow \tag{6-2}$$

氢氧化钙转变成二水石膏引起膨胀,另一方面导致混凝土碱度降低,引起硅酸盐水泥的主要水化物——$C-S-H$凝胶分解,如式(6-3)所示。

$$C-S-H + SO_4^{2-} + H_2O \rightarrow CaSO_4 \cdot 2H_2O + SiO_2 或 Si 凝胶 \tag{6-3}$$

6.1.3　其他侵蚀方式

城市地下结构的独特环境条件,进一步加剧了地下结构混凝土腐蚀破坏过程,主要表现为:(1)城市地下结构混凝土一面临空,另一面接触土壤;(2)城市地下隧道内车辆运行频繁,车辆运行引起的城市地下内部气流速度大;(3)自然环境条件的干湿交替变化。这种环境条件造成城市地下结构混凝土内、外两侧的温、湿度梯度变化大,气、液介质在混凝土中的传输过程加快,侵蚀性介质在混凝土中物理、化学作用加剧。

图 6 - 1 为城市地下结构混凝土所面临的侵蚀环境特征,地下结构临空面混凝土受到化学腐蚀和物理结晶侵蚀的共同作用。化学腐蚀主要是硫酸盐溶液与水泥水化产物生成了石膏等水化产物,物理结晶侵蚀主要是混凝土临空面水分蒸发,盐溶液浓缩结晶体积膨胀。

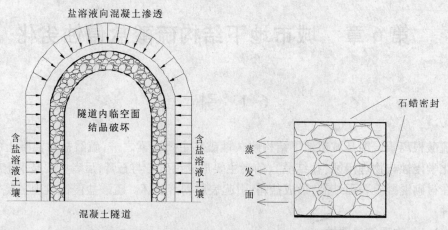

图 6 - 1 城市地下结构混凝土腐蚀来源   图 6 - 2 试块水分蒸发试验简图

为了研究城市地下结构混凝土劣化过程及特征,针对地下结构环境条件,进行地下结构混凝土在硫酸盐侵蚀作用下模拟实验,包括硫酸盐侵蚀劣化机理和 $[SO_4^{2-}]$ 与 $[Cl^-]$ 共同作用下 $[Cl^-]$ 的扩散规律。

6.2 硫酸盐侵蚀实验设计

6.2.1 实验设计

混凝土配比参考广州地铁一号线部分区间隧道(黄沙 - 芳村段)混凝土配合比,试验配合比设计见表 6 - 1 所示,砂浆配合比见表 6 - 2 所示。混凝土试件为 $(100 \times 100 \times 100)$ mm³,成型后在标准条件下养护 28d,然后在水中浸泡至质量不再发生变化,试件的 5 个面用石蜡密封,仅留一个面与大气接触。将试件置于"可程式恒温恒湿试验机(RP - 150)内,设置不同的相对湿度与温度,养护过程中还需测试通过混凝土一个表面的水分蒸发量,见图 6 - 2 所示。

试验中试件混凝土配合比   表 6 - 1

编号	W/C	胶凝材料（%）			砂率（%）	减水剂（%）
		C	FA	SF		
A22（C1）	0.35	100	0	0	37.5	0.6
A23（C2）	0.42	100	0	0	37.5	0.6
A24（C3）	0.65	100	0	0	37.5	0
A25（C4）	0.35	80	20	0	37.5	0.4
A26（C5）	0.35	40	60	0	37.5	0.4
A27（C6）	0.35	75	20	5	37.5	0.5

试验中砂浆配合比 表6-2

编号	W/C	胶凝材料(%)		
		C	FA	SF
M18	0.35	100	0	0
M19	0.42	100	0	0
M20	0.65	100	0	0
M21	0.35	80	20	0
M22	0.35	40	60	0
M23	0.35	75	20	5

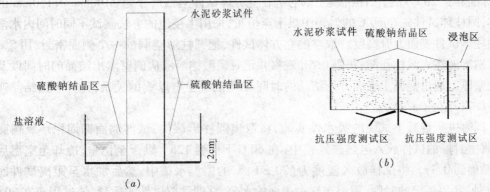

图6-3 砂浆半浸泡试验简图
(a)半浸泡试验;(b)测试部位简图

全浸泡砂浆试验中,先成型试件,标养28d后将砂浆全浸泡于5%的硫酸钠侵蚀溶液中,30d更换一次溶液,侵蚀溶液采用饮用自来水和化学纯试剂配制。试验过程中采用控制环境温度的方法控制硫酸钠浸泡液的浓度,保持浸泡液体中存有一定数量的结晶体。半浸泡的方法侵蚀长期试验如图6-3所示,浸泡深度为20~30mm。分别采用砂浆和混凝土试件,砂浆试件主要用来测试试块宏观力学性能变化,混凝土试件主要测试动弹性模量变化,其中混凝土试件为100mm×100mm×400mm棱柱体。

试验后对半浸泡试验组与全浸泡试验组抗压强度比值的方法进行比较,依据试验结果,采用抗压抗蚀系数和抗折抗蚀系数表示硫酸钠结晶对砂浆试件物理侵蚀的作用,具体计算方法见公式(6-4)。

$$K_{mi} = \frac{f_{m(ci)}}{f_{m(bi)}} \times 100\% \qquad (6-4)$$

式中 K_{mi}——砂浆抗蚀系数;

$f_{m(bi)}$——第 i 次测试时对比组标养试件抗压或抗折强度,MPa;

$f_{m(ci)}$——第 i 次测试时半浸泡溶液中试件抗压或抗折强度,MPa。

采用24h为一个干湿循环,干燥时间为10h,浸泡时间为14h,测试在干湿循环(0、10、20、30、50、70、90次)时试件的基准频率,计算试件的相对动弹性模量。

$$P_{ci} = \frac{p_{c(ci)}}{p_0} \qquad (6-5)$$

式中　P_{ci}——混凝土干湿循环 i 次的相对动弹性模量，GPa；

　　　　$P_{c(ci)}$——试件干湿循环 i 次时所测得的动弹性模量，GPa；

　　　　P_0——干湿循环 0 次时试件的基准动弹性模量，GPa。

混凝土试件在干湿循环 90 次和全浸泡 120d 后，测试其抗压与抗折强度，并将所测的强度值与标养条件下相应混凝土值比较，评价混凝土硫酸盐侵蚀程度。

6.2.2　地下结构侵蚀过程模拟

试验模拟了城市地下环境的硫酸盐溶液通过毛细作用，到达混凝土表面并结晶的过程，试验简图如图 6-4 所示。试验均在环境温度为 $(20 \pm 2)℃$，相对湿度为 $(60 \pm 5)\%$ 的条件下进行。试验方法如下：首先按照配合比成型 150mm × 150mm × 150mm 的混凝土立方体试件，标准养护 28d。然后，用混凝土取芯机在立方体试件上钻尺寸为 $\phi100mm × 150mm$ 的圆柱体，圆柱体试件先在 60℃ 的烘箱中烘干至恒重，采用半浸泡的方法测试不同时间内水溶液在圆柱体试件表面上升高度。取空的立方体试件，把圆柱形空洞的一个侧面密封，用 5% 的硫酸钠溶液注入圆柱孔洞，每隔 0.5h 观察并记录硫酸钠溶液从侧壁渗出结晶的时间以及混凝土壁厚。通过混凝土表面开始结晶的时间 T 与混凝土壁厚 L 的关系，计算渗透结晶速率 $Vs = L/T$（单位 cm/s）。

同时进行混凝土试块的吸水性实验，将取出圆柱形试件，试件侧面四周用环氧树脂密封，将密封好的试件放入电热鼓风箱中，在 60℃ 下保温 12h，烘干至恒重，冷却至室温后称重，精确到 0.1g。将试样放入温度为 $(20 \pm 1)℃$ 的恒温水槽中，然后加水至距离试件底部 5mm 处，每隔一定的时间，用湿布抹去表面的水分，立即称取试件的质量，该过程应在 30s 完成。恒温水槽内的溶液分别采用水、5% 的 NaCl 和 5% Na_2SO_4 进行。试验装置见图 6-5。试验测量在 24h（1440min）内按一定的间隔测量的试件累计吸水质量 $\triangle W$，备于计算分析用。

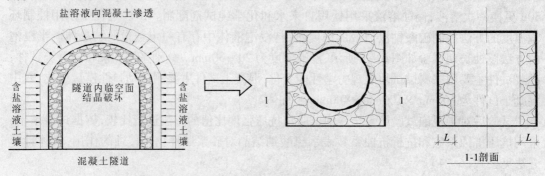

图 6-4　城市地下结构硫酸盐侵蚀模拟试验简图

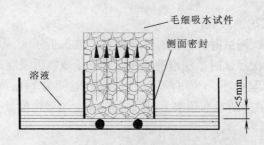

图 6-5　混凝土试块的吸水性试验简图

6.2.3 双因素侵蚀

研究硫酸盐和氯盐共同作用下[Cl⁻]在混凝土中的扩散规律和硫酸盐侵蚀特征变化，试验采用喷淋干湿循环和浸泡方式，浸泡和喷淋均采用浓度为 3.5% NaCl 和 5% Na₂SO₄ 混合溶液溶液，喷淋干湿循环和浸泡处理同前。将成型好的混凝土和砂浆试件置入 3.5% NaCl 和 5% Na₂SO₄ 的混合溶液中(体积比 1:1)进行全浸泡和半浸泡试验，到了规定的浸泡时间(60d,90d,120d,150d)将试件取出，分层测量离子含量。离子含量的测定采取分层取样的方法进行，其中硫酸根离子含量采用硫酸钡比浊法进行测定。将制备好的试样置于烧杯中，在 100℃ 蒸馏水中充分溶解，然后取适量澄清后的溶液加入硝酸钡，用 72 型光度计、比色皿测定吸光度并与标准曲线比较测定，以两个测试试样的硫酸根离子含量平均值作为最终值。同时测试试件质量变化、外观形貌、抗压强度、动弹性模量、抗折强度变化，以及微观结构和所生成的腐蚀产物的变化。另外，采用 ASTM C1202-97 的方法测试混凝土的 6h 库仑电量，双重因素作用下，混凝土电通量变化。

6.3 侵蚀影响因素

6.3.1 温度对物理结晶速率影响

实验测试得到了温度变化对不同浓度硫酸钠溶液的结晶速率的关系，见图 6-6。在 24℃ 至 21℃ 区间，随着温度降低硫酸钠溶液结晶速率突然增大。以 30% 的硫酸钠溶液为例，溶液在温度由 24℃ 降至 21℃ 的 30min 之内出现结晶，晶体质量迅速增加，溶液中晶体质量由 0g 增加到 213.2g，质量结晶速率由 0 增大到了 11.8×10^{-2}g/s。由图 6-6(b)可知，溶液在温度由 24℃ 降至 21℃ 的 30min 之内，晶体体积也迅速增大，晶体体积由 0ml 增大到了 147.6ml，体积变化速率由 0 增大为 8.2×10^{-2}ml/s。往后，随着温度的继续降低，生成晶体的质量和体积速率迅速降低。20% 和 10% 硫酸钠溶液的结晶速率也表现出和 30% 硫酸钠溶液相似的变化规律，只是由于浓度低，结晶时间推后。城市地下结构硫酸盐物理侵蚀发生的最明显的温度在在 24℃ 至 21℃ 区间，如果地下环境温度在这个区间，特别注意硫酸盐的结晶膨胀物理侵蚀病害发生。

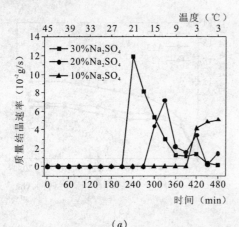
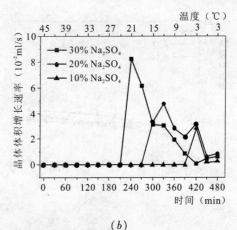

(a) (b)

图 6-6　降温条件下硫酸钠结晶速率曲线

(a)晶体质量增长速率；(b)晶体体积增长速率

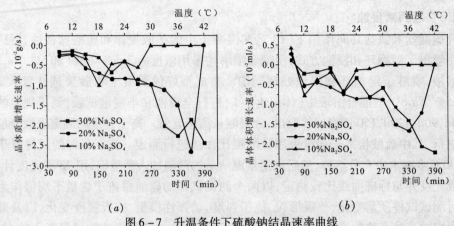

图6-7 升温条件下硫酸钠结晶速率曲线

(a)晶体质量增长速率;(b)晶体体积增长速率

图6-7为温度升高时,不同浓度硫酸钠溶液的结晶溶解速率,晶体质量增长与体积增长速率均为负。在升温过程中,硫酸钠晶体的溶解是一个逐渐增加的过程,随着温度的升高,晶体逐渐溶解。但是当环境温度超过30℃以后,晶体溶解的速度明显加快,环境温度从30℃升至35℃过程中,30%的硫酸钠溶液中晶体溶解速率由0.96×10^{-2} g/s升至2.01×10^{-2} g/s,晶体溶解了72.4g。而晶体体积的变化与质量溶解的变化相似,随温度升高缓慢增加,当环境温度超过30℃以后,晶体体积减少也明显的加速。实验说明,城市地下结构硫酸盐物理侵蚀缓解的温度区域在30℃至35℃区间。

6.3.2 相对湿度的影响

图6-8为混凝土所含自由水在不同相对湿度与温度条件下的蒸发量。温度相同条件下,相对湿度较低则水分蒸发量较大。相同配合比的混凝土,在温度为5℃条件下,相对湿度降低则混凝土中自由水的蒸发量增大。相对湿度相同的条件下,温度升高则混凝土内自由水的蒸发量增大。图6-9为不同条件下混凝土中毛细孔48h水分平均蒸发速率,温度保持不变,相对湿度降低则P_v值增大,而相对湿度不变,温度升高则P_v值也增大,水胶比对P_v值有较大的影响,相同条件下P_v值随水胶比的增大而增大。

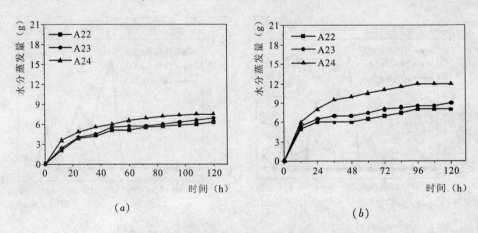

图6-8 不同条件下混凝土中水分蒸发量(一)

(a)$T = 5℃$,$RH = 90\%$;(b)$T = 5℃$,$RH = 25\%$

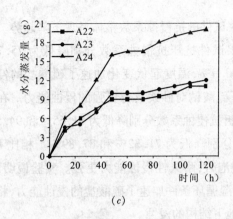

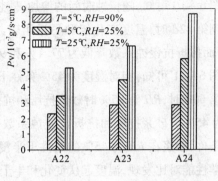

图6-8　不同条件下混凝土中水分蒸发量(二)　　　　图6-9　不同环境条件下水分蒸发速率

(c)$T=25℃$,$RH=25\%$

　　实验说明,较小的相对湿度和较高的温度,有利于硫酸盐结晶,加快了硫酸盐的物理侵蚀过程。

6.3.3　力学性能变化

　　图6-10为水胶比为0.35的砂浆在环境温度为20~35℃交替变化以及20℃恒温下,砂浆抗侵蚀系数的变化,图6-11为相对湿度变化对水胶比为0.35的砂浆抗侵蚀系数的影响。

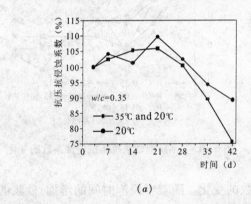

(a)

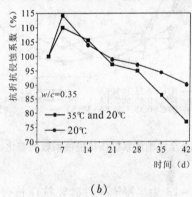

(b)

图6-10　温度变化对砂浆抗侵蚀系数的影响

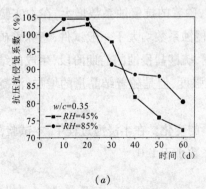

(a)

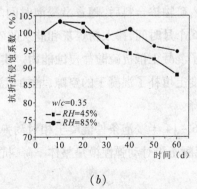

(b)

图6-11　相对湿度变化对砂浆抗侵蚀系数的影响

由图6-10可知,随侵蚀时间的增加,砂浆试件的抗侵蚀系数整体呈现下降趋势。在试验进行到第42d时,温度变化组和恒温组砂浆试件抗压抗侵蚀系数分别降低为75.7%和89.2%,而抗折抗侵蚀系数降低为77.1%和90.9%,温度起伏变化加速了硫酸盐的侵蚀能力。由图6-11可知,相对湿度为45%条件下硫酸钠对砂浆具有更强的侵蚀能力。在试验进行到第60d时,*RH*为85%时砂浆抗压和抗折抗侵蚀系数分别降低为81.65%和94.59%,而*RH*为45%时砂浆抗压和抗折抗侵蚀系数分别降低为71.32%和87.89%。相比*RH*为85%的条件,砂浆在*RH*为45%的条件下半浸泡时,耐久性侵蚀能力更强。实验说明,从宏观的力学性能对比发现,温度起伏变化和半干湿循环条件加速了硫酸盐的侵蚀能力,相对湿度在*RH*为45%时更加有利于硫酸盐对城市地下结构的侵蚀。

6.3.4 湿度条件影响

图6-12为全浸泡条件下硫酸盐侵蚀砂浆抗压抗侵蚀系数的变化,全浸泡条件下,砂浆的抗压抗侵蚀系数逐渐下降,硫酸盐抗侵蚀系数开始降低,各组在6个月时抗侵蚀系数均小于1.0。实验表明在硫酸盐侵蚀下,混凝土时间抗侵蚀能力下降明显。

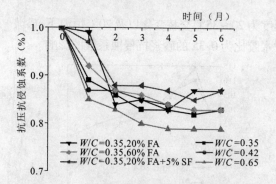

图6-12　全浸泡砂浆抗压抗侵蚀系数的变化

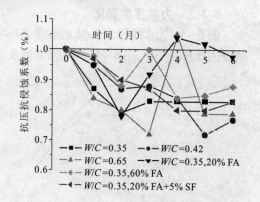

图6-13　半浸泡砂浆抗压抗侵蚀系数的变化

图6-13为半浸泡条件砂浆抗压抗侵蚀系数的变化。随着半浸泡时间的增加,砂浆的抗压抗侵蚀系数变化曲线整体呈现降低的趋势,而且随着水胶比的增加,砂浆的抗侵蚀性降低。掺入矿物掺合料后,随着半浸泡时间的增加,砂浆的抗侵蚀系数增大,在本实验范围内半浸泡6个月时间,掺入粉煤灰和硅灰的砂浆抗侵蚀系数均大于一般试件,意味着矿物掺合料增加了混凝土抵抗硫酸盐侵蚀能力。实验表明,硫酸盐侵蚀的前期阶段,生成的结晶体在某种程度上填补了混凝土的空隙,增加了混凝土强度,但是随着结晶量的增加,混凝土力学性能下降。

图6-14半浸泡条件混凝土相对动弹性模量的变化。在半浸泡过程中,本试验范围内6个月,混凝土相对动弹性模量整体下降,抗侵蚀系数小于1.0。

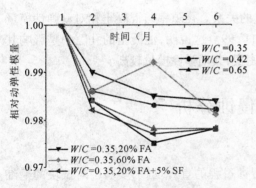

图6-14 半浸泡混凝土动弹性模量的变化

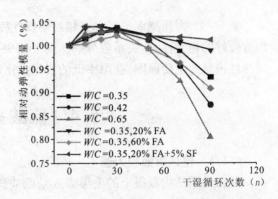

图6-15 干湿循环混凝土动弹性模量的变化

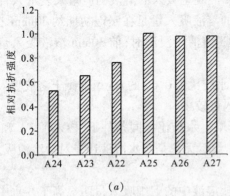

(a)

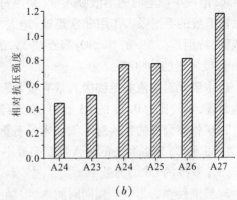

(b)

图6-16 干湿循环下混凝土相对强度变化

图6-15为干湿循环下混凝土动弹性模量的变化。随着干湿循环次数的增加,各组混凝土的相对动弹性模量首先增加,后逐渐降低。水胶比降低,混凝土90d相对动弹性模量下降幅度减小。矿物掺合料可以提高混凝土抵抗硫酸盐侵蚀能力。在本实验中,粉煤灰和硅灰复合使用的混凝土在干湿循环90d时,相对动弹性模量仍然接近于1.0,说明该组混凝土具有较好的抗硫酸盐侵蚀性能。图6-16为干湿循环90d时混凝土相对强度变化,图中显示A25、A26、A27组混凝土配比中抗侵蚀系数较高,说明了矿物掺合料的有效性。实验表明,在城市地下结构中干湿循环加快了硫酸盐侵蚀,但是适当加入矿物掺合料可以延缓硫酸盐侵蚀过程,增加城市地下结构耐久性。

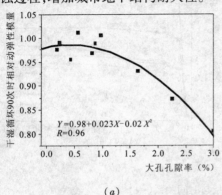

(a)

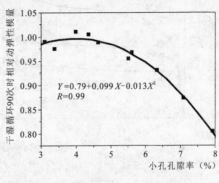

(b)

图6-17 孔隙率与混凝土相对动弹性模量的关系

图 6 – 17 为孔隙率与混凝土相对动弹性模量的关系。孔隙率与混凝土相对动弹性模量均有较好的相关性,相关系数分别达到了 0.96 和 0.99。这说明,混凝土的孔隙率是影响其动弹性模量的主要原因,孔隙率低的混凝土比较密实,其动弹性模量较高。

6.4 硫酸盐侵蚀分析

6.4.1 侵蚀溶液吸入量

城市地下结构混凝土的毛细吸入是硫酸盐侵蚀过程的直观反映,实验中对试块的毛细吸入性能进行了测试。图 6 – 18 为不同混凝土试件分别在水溶液、5% 的 Na_2SO_4 溶液和 5% 的 NaCl 溶液中浸泡时的溶液吸入量(采用每 100g 混凝土吸入的溶液的质量来表示),混凝土对盐溶液的毛细吸入作用非常迅速,绝大部分的溶液吸入量是在浸泡初期约 30min 之内完成的,特别是在 5% 的 Na_2SO_4 溶液和 5% 的 NaCl 溶液中浸泡时,前 30min 溶液吸入量占 360min 吸入量的约 90%。

1)水胶比对溶液的毛细吸入量有重要影响。水胶比为 0.65 的 C3 组混凝土溶液吸入量均为最高,水胶比为 0.35 的 C1 组混凝土溶液吸入量较小。

2)矿物掺合料的掺入对毛细吸入量有重要影响。水胶比相同条件下,掺入了 FA 和 SF 的 C4、C5 和 C6 组混凝土的吸入量要明显小于 C1 组。无论是对水溶液还是对盐溶液吸入,SF 与 FA 双掺的 C6 均为最小。

3)溶液种类的影响。相同时间内,混凝土在盐溶液中的毛细吸入量明显高于在水中的毛细吸入量。

图 6 – 18(d)为不同混凝土在 5% 的 NaCl 溶液和水溶液中的溶液吸入量,其中每组由 3 条曲线表示其吸入溶液的特性。曲线 1 为混凝土在 5% 的 NaCl 中吸入溶液的质量,曲线 2 为混凝土所吸入的 NaCl 溶液质量减去剩余的溶剂质量,曲线 3 为混凝土在水溶液中吸入水溶液的质量。在 C1、C3 和 C6 各组混凝土中,曲线 1 减去所含的 NaCl 溶质质量后的曲线 2 仍大于曲线 3。

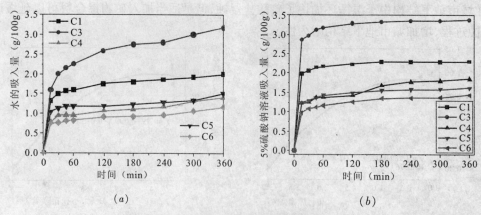

图 6 – 18 试块吸入溶液量与时间关系(一)

(a) 水溶液;(b)5% 的硫酸钠溶液

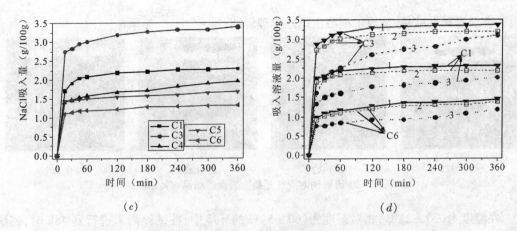

图 6-18 试块吸入溶液量与时间关系(二)

(c)5%氯化钠溶液；(d)吸入溶液的特性

4)孔隙率与孔结构特征对混凝土吸入溶液质量有重要影响。图 6-19 为各组混凝土吸入溶液量与各组混凝土不同孔隙率的关系。孔径在 30nm 以上的粗毛细孔与混凝土所吸入的溶液量相关性较好，与吸入水量的相关性达到了 0.989，与吸入 NaCl 和 Na_2SO_4 溶液的相关性分别为 0.962 和 0.985，且相关性曲线几乎重合。而孔径在 30mm 以下的细毛细孔与混凝土的吸入溶液量相关性较差。

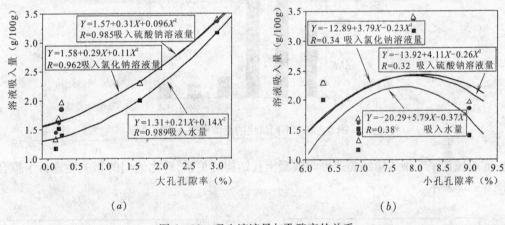

图 6-19 吸入溶液量与孔隙率的关系

实验表明，城市地下结构被侵蚀时，其中一个途径是通过混凝土的毛细吸入方式吸入氯离子及硫酸根离子，并且吸入速度较快，意味着地下结构一旦接触具有侵蚀离子的地下水，混凝土就快速吸入氯离子及硫酸根离子直到饱和。由于扩散、表面张力等的影响，地下结构混凝土吸入氯离子及硫酸根离子的速度远远大于吸入水的速度，同时吸入速度还与混凝土的孔隙率相关，孔隙率大的混凝土吸入速度较快。氯离子与硫酸根离子吸入速度的相互影响不明显。

6.4.2 溶液毛细传输速率

采用混凝土毛细传输过程试验直观地模拟了城市地下结构混凝土受到硫酸盐侵蚀过程，见图 6-20。试验中硫酸盐溶液渗透到混凝土迎风面表层，混凝土表层的盐溶液水分蒸发,在表层混凝土结晶,造成了混凝土结晶物理侵蚀。

编号 A22　　　　　　编号 A24　　　　　　编号 A25　　　　　　编号 A27

图 6-20 硫酸钠溶液在混凝土表面的结晶($t < 48h$)

在温度为(20 ± 2)℃,相对湿度为$(60 \pm 5)\%$的环境中,在试验尚未进行到 48h 时,硫酸钠溶液在毛细作用下通过混凝土层并结晶,结晶面积按照大小的顺序为 A24 > A22 > A25 > A27。

图 6-21 为不同配合比混凝土的毛细传输结晶速率。水胶比增大,毛细传输结晶速率增大,硫酸钠溶液到达混凝土表面的时间较短,表面结晶面积增大。同时,掺入矿物掺合料的混凝土,毛细传输结晶速率显著降低,表面结晶面积较小。

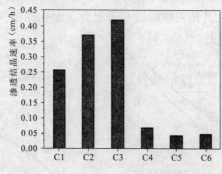

图 6-21　不同试块的毛细传输速率

实验统计了毛细传输结晶速率与混凝土孔结构的关系,对比他们的相关性进行了拟合,见图 6-22 所示。

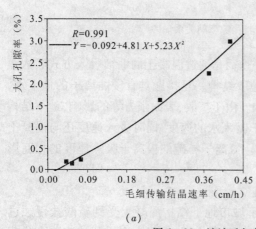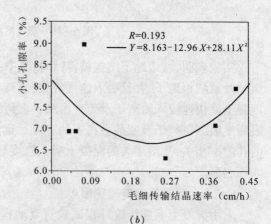

(a)　　　　　　　　　　　　　　　　(b)

图 6-22　溶液毛细传输速率与孔隙率的相关性

混凝土中的粗毛细孔(孔径≥30nm 以上的孔)与毛细传输结晶速率具有较好的相关性,相关系数为 0.991,而混凝土中的细毛细孔(孔径<30nm 以下的孔与混凝土毛细传输结晶率相关性较差,相关系数仅有 0.193。这也充分说明孔径为 30nm 以上的粗毛细孔对混凝土的毛细传输作用起中到关键作用。

实验表明,城市地下结构被硫酸盐侵蚀机理是一个混凝土毛细传输过程,硫酸盐溶液渗透到混凝土迎风面表层,混凝土表层的盐溶液水分蒸发,在表层混凝土结晶,造成了混凝土结晶物理侵蚀。地下结构的侵蚀速度与水胶比、混凝土的孔隙率和矿物掺合料有关。水胶比增大,侵蚀速度加快。孔隙率增大,侵蚀速度加快。使用矿物掺合料的地下结构混凝土受硫酸盐侵蚀的速度较低,有利于提高城市地下结构耐久性。

6.5 与氯盐共同侵蚀分析

6.5.1 离子扩散浓度

在硫酸根离子及氯离子侵蚀因素的共同作用下,对混凝土试块中侵蚀离子扩散浓度分布情况进行了测试,测试的试验数据见表 6-3 所示。

侵蚀离子含量分布测试数据   表 6-3

编号	距离混凝土表面距离(mm)	Cl^- 含量测试结果(%)	SO_4^{2-} 含量测试结果(%)
A1 ($W/C=0.35$ 浸泡 120d)	2.5	0.59	0.92
	7.5	0.29	0.72
	12.5	0.16	0.67
	17.5	0.13	0.66
	22.5	0.07	0.66
A3 ($W/C=0.65$ 浸泡 120d)	2.5	0.72	1.34
	7.5	0.39	1.04
	12.5	0.27	1.01
	17.5	0.21	0.91
	22.5	0.15	0.85

注:A1 组、A3 组混凝土配合比见表 5-10 所示。

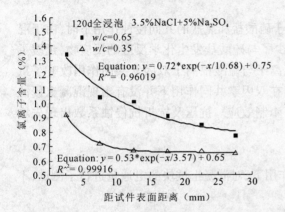

图 6-23 SO_4^{2-} 含量随距试件表面距离的变化

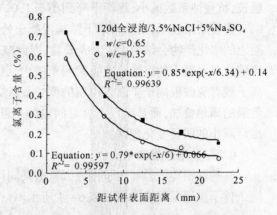

图 6-24 Cl^- 含量随距试件表面距离的变化

图 6-23 为水胶比分别为 0.65 和 0.35 的试件在 3.5% NaCl + 5% Na₂SO₄ 溶液中一维浸泡 120d 时,不同位置处氯离子的含量。浸泡 120d,试块的氯离子含量均随深度增加而降低,水胶比的影响明显。试件在硫酸盐 + 氯盐复合溶液中浸泡,两种溶液同时进入混凝土内部,而 SO_4^{2-} 进入砂浆内部后,会与水泥水化产物发生化学反应,生成新的产物,堵塞孔隙,因而影响了 Cl^- 的扩散速度。图 6-24 给出了氯离子对硫酸根离子含的影响结果。试件浸泡 120d,不同位置处的硫酸根离子含量均随深度增加而降低,其中水胶比对硫酸根离子的侵蚀扩散量影响明显。浸泡在混合溶液中时,砂浆内部各位置处硫酸根离子量明显减少。实验表明城市地下结构在双因素作用下,试件内部氯离子浓度分布与在单一氯化钠溶液浸泡条件下的类似,均符合 Fick 第二定律,硫酸根离子的存在并不影响氯离子的扩散规律,但降低了氯离子扩散含量。

6.5.2 抗侵蚀性能分析

图 6-25 为 3.5% NaCl + 5% Na₂SO₄(混合时体积比 1:1)溶液全浸泡条件下砂浆抗压抗侵蚀系数的变化。

与单纯的 3.5% NaCl 侵蚀溶液不同(抗侵蚀系数均小于 1.0),3.5% NaCl + 5% Na₂SO₄ 溶液全浸泡条件下,前期的一定时间内抗压抗侵蚀系数逐渐升高(大于 1.0),随着侵蚀时间加长,侵蚀系数逐渐减小(小于 1.0)。其中水胶比为 0.65 的砂浆在侵蚀时间至 3 个月时,抗侵蚀系数最先降低至小于 1.0,其余各组在 3 个月时抗侵蚀系数均还大于 1.0。

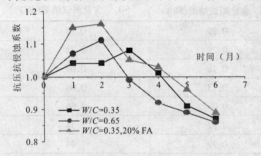

图 6-25 全浸泡条件砂浆抗压抗侵蚀系数

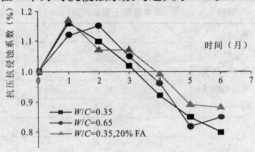

图 6-26 半浸泡条件抗压抗侵蚀系数

图 6-26 为 3.5% NaCl + 5% Na₂SO₄ 溶液半浸泡条件砂浆抗压抗侵蚀系数的变化。短时间内砂浆的抗压抗侵蚀系数逐渐升高,试验组抗压抗侵蚀系数均大于 1,随着侵蚀时间的延长,抗侵蚀系数减小,逐渐下降到小于 1.0。

实验结果显示,当城市地下结构混凝土处于硫酸盐和氯盐的共同侵蚀作用下时,由于混凝土的水化产物会结合 Cl^- 生成 F 盐,因此减少了与硫酸盐发生化学反应的反应物,延缓了硫酸盐对混凝土的腐蚀。在短时间范围内,氯离子与硫酸根离子双因素共同作用改变了氯离子或者硫酸根离子单因素作用的变化规律,在双因素共同作用下并没有出现混凝土侵蚀效果的简单叠加,而是出现了短时间内的相互牵制效应。抗压及抗折抗侵蚀系数出现先增加后减小的明显变化规律。

6.5.3 电通量变化

在硫酸根离子及氯离子侵蚀因素的共同作用下,对混凝土试块的电通量进行了测试,不同条件下电通量试验数据见表 6-4 所示。

试件编号	龄期			
	28d	90d	120d	150d
A1 组 ($W/C = 0.35$)	1693	1230	1360	2120
A3 组 ($W/C = 0.65$)	3532	3003	2695	5062
A4 组 ($W/C = 0.35$、20% FA)	962	725	670	827

注:A1 组、A3 组混凝土配合比见表 5-10 所示。

图 6-27 为 3.5% NaCl + 5% Na_2SO_4 溶液浸泡混凝土 6h 库仑电量变化。在氯盐和硫酸盐共同作用下,短时间内混凝土抗侵蚀系数先增加后下降,6h 库仑电量在 90d 和 120d 时比 30d 降低,但是在 150d,昆仑电量增加,这说明在 150d 混凝土由于受到氯盐和硫酸盐的侵蚀,内部结构发生了劣化。同样,水胶比、矿物掺合料的抗侵蚀性能增加明显。

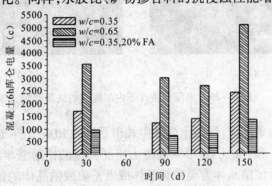

图 6-27　混凝土 6h 库仑电量

6.6　微观结构分析

6.6.1　硫酸盐侵蚀

采用电子放大镜对侵蚀后的混凝土微观结构进行分析,图 6-28 为硫酸钠溶液全浸泡条件下混凝土内部腐蚀的微观形貌(A24 组)。在硫酸盐侵蚀下混凝土内部生成了针状的腐蚀产物,根据形状和所处的硫酸盐环境,可以推断该针状晶体为钙矾石晶体。针状钙矾石晶体的形成,导致混凝土内部结构酥松,化学侵蚀现象明显。

图 6-29 为硫酸钠溶液半浸泡条件下混凝土内部腐蚀的微观形貌。半浸泡条件下,混凝土内部生长出了很多不规则的晶体,且由于这些晶体的生长,使其内部孔隙增大,硫酸盐的物理结晶侵蚀非常明显。

(a)　　　　　　　　　　　　　　(b)

图 6－28　全浸泡条件下内部腐蚀的微观形貌

(a)　　　　　　　　　　　　　　(b)

图 6－29　半浸泡条件下内部腐蚀的微观形貌

图 6－30 为半浸泡条件下,混凝土内部生长出晶体的 EDS 分析,混凝土内部绝大部分出现的晶体含有大量的 S 和 Na 元素,根据混凝土所受到硫酸钠溶液半浸泡侵蚀的特点,微观结果分析结论可以推断该结晶体为硫酸钠晶体或者是硫酸钠晶体的衍生物。EDS 分析显示在半浸泡条件下,混凝土硫酸盐的物理结晶侵蚀非常明显。

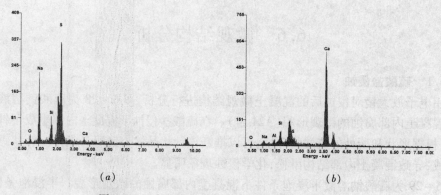

(a)　　　　　　　　　　　　　　(b)

图 6－30　半浸泡条件下内部可疑物质 EDS 分析

图 6－31 半浸泡条件下混凝土表层可疑物质 XRD 分析。混凝土表层存在大量硫酸钠晶体,这充分说明,半浸泡条件下,硫酸钠溶液对混凝土产生了物理结晶型侵蚀。

120

图 6-32 为干湿循环条件下,混凝土内部的微观形貌。混凝土受到干湿循环的部位内部出现了大量针状的钙矾石晶体,混凝土硫酸盐的物理结晶侵蚀非常明显。

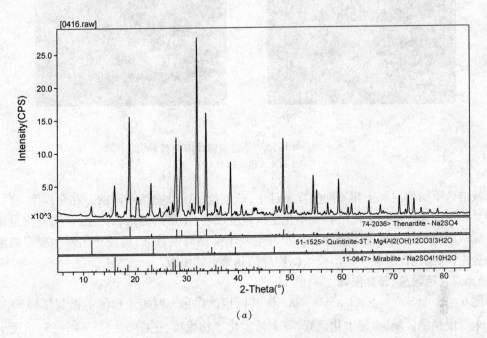

(a)

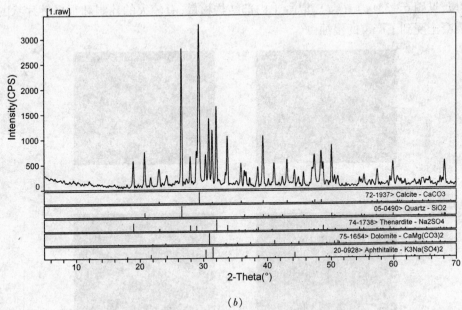

(b)

图 6-31 半浸泡条件下内部可疑物质 XRD 分析

(a)   (b)

图 6-32　干湿循环条件下内部的微观形貌

(a)A24 组;(b)A24 组

城市地下结构混凝土在不同湿度条件下,硫酸盐侵蚀产物是不同的。在全浸泡条件下,硫酸盐和混凝土内部的水化产物发生化学反应生成物,主要以钙矾石为主,硫酸盐在混凝土中形成了以化学结晶为主的侵蚀。在半浸泡及干湿循环条件下,混凝土内部主要以硫酸钠结晶为主,硫酸盐在混凝土中形成了以物理结晶为主的侵蚀。

6.6.2　硫酸盐、氯盐侵蚀

图 6-33 为 3.5% NaCl + 5% Na$_2$SO$_4$共同侵蚀作用下混凝土内部的微观结构 SEM 测试。未受侵蚀的区域,水泥水化良好,有大量水化产物生成,见图 6-33(a)~(b)。受到侵蚀的区域,见图 6-33(c)~(d),混凝土内部结构松散,有较大的孔洞和很多针片状的可疑物质,混凝土受到了严重的侵蚀。

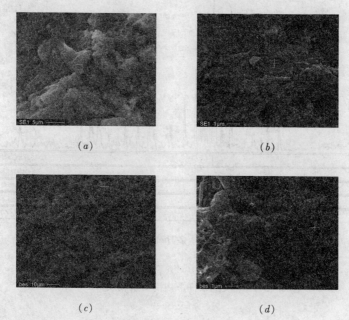

(a)   (b)

(c)   (d)

图 6-33　共同侵蚀作用下内部的微观结构

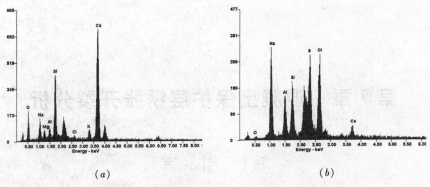

(a)   (b)

图 6 - 34　共同侵蚀作用下内部可疑物质 EDS 分析

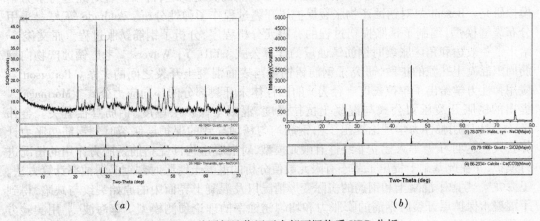

(a)   (b)

图 6 - 35　共同侵蚀作用下内部可疑物质 XRD 分析

采用 EDS 分析混凝土内部生成的可疑物质,见图 6 - 34,发现主要含有 Ca、Si、Na、Cl、S 等元素。采用 XRD 分析,见图 6 - 35,可疑物质中含有的 Ca 和 Si 主要是混凝土本身的物质 $CaCO_3$ 和 SiO_2,而 Na、S、Cl 等来源于侵入混凝土内部的氯化钠和硫酸钠,证明在双因素作用下侵蚀明显。

主要参考文献:

[1] 冯乃谦. 高性能混凝土[M]. 北京:中国建筑工业出版社,1996.

[2] 刘秉京编著. 混凝土结构耐久性设计[M]. 北京:人民交通出版社,2007.

第7章　混凝土保护层锈胀开裂分析

7.1　引　言

钢筋锈蚀膨胀是钢筋混凝土结构使用寿命预测的关键问题,许多学者对此进行了力学模拟研究。Bazant[1]对锈蚀产物胀裂保护层开裂过程作了弹性分析。Andrade 等人[2]采用分布裂缝模型,编制了锈胀损伤过程的有限元分析程序,分析了钢筋锈胀过程。屈文俊[3]给出了一般边和角区胀裂时钢筋锈蚀量的计算公式。LIU. Y, Weyers[4]考虑锈蚀产物向钢筋周围混凝土孔隙的扩散,研究了钢筋锈蚀量与表面混凝土开裂之间的关系。Perterson[5]应用弹性力学给出了单位长度半径为 r 的圆柱体未开裂部分的环向应力公式。Morinaga[6]提出的锈胀开裂压力公式与混凝土抗拉强度、混凝土保护层厚度、钢筋直径有关。金伟良[7]等人应用弹性力学理论提出了由钢筋均匀锈蚀导致的保护层胀裂时刻钢筋锈胀力计算公式。赵羽习[8]等人建立非线性有限元模型,对混凝土构件受钢筋锈胀力作用的情况进行模拟,并在此基础上提出了基于有限元数值分析的混凝土锈胀时刻钢筋锈蚀率计算方法。王海龙[9]考虑了混凝土和钢筋的实际变形情况以及混凝土界面中的原始裂纹与缺陷,得到了混凝土保护层开裂时钢筋的膨胀力和均匀锈蚀率的理论预测模型。李海波[10]用实验方法研究了混凝土开裂时的钢筋锈蚀率与钢筋直径、混凝土强度等级与保护层厚度之间的定量关系,通过有限元计算得到了锈胀开裂力。

7.2　锈胀开裂模拟

无论氯离子侵蚀还是碳化侵蚀,一旦达到一定的侵蚀程度,混凝土中的钢筋将开始生锈。铁锈体积逐渐膨胀,膨胀产生拉应力破坏了周边混凝土,导致混凝土保护层拉裂破坏,耐久性工程调查中发现的常见典型实例见图 7-1。这个过程就是钢筋生锈到混凝土保护层开裂的时间,即钢筋混凝土结构第二阶段寿命。

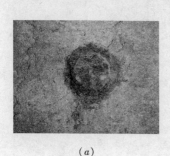

(a)

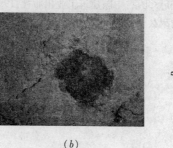

(b)

图 7-1　钢筋混凝土表层锈胀开裂

(a)开裂;(b)剥落

图 7-2　钢筋锈胀变形示意图

应力挤压导致的圆孔扩张过程曾成功分析隧道、井筒的应力分析等问题[11]，采用圆孔扩张过程对混凝土钢筋锈胀现象进行模拟分析。依据弹性力学及弹塑性力学理论，在基本假定的基础上，对混凝土保护层锈胀开裂过程进行模拟，建立基于弹性理论及弹塑性理论的锈胀开裂寿命预测模型。从而提供钢筋发生锈蚀到保护层开裂的寿命预测计算方法，解决锈胀开裂寿命预测难题。

在分析问题之前，对钢筋生锈膨胀产生的变形进行如下假定：钢筋生锈膨胀是均匀的，锈蚀钢筋变形组成见图7-2所示，设钢筋锈蚀前半径和混凝土开裂前半径分别为 R_0 和 R_u，相应的内压力为最终值为 p。

依据钢筋变形计算方法，则有[12]：

$$R_u = R_0 \sqrt{1 + (n-1)\rho(t)} \tag{7-1}$$

尚未锈蚀的钢筋半径为：

$$R' = R_0 \sqrt{1 - \rho(t)} \tag{7-2}$$

式中　n——铁锈体积膨胀倍数，有研究表明[12]一般取值 $n = 2 \sim 4$；

　　　$\rho(t)$——钢筋锈蚀率预测公式，它与环境因素相关，由相关的工程经验及模拟试验确定。

结构寿命分为两阶段，寿命组成见下式：

$$T_R = T_i + T_p \tag{7-3}$$

式中　T_R——第一次维修时间；

　　　T_i——混凝土表层钢筋开始锈蚀的时间，可采用 fick 定律或者碳化公式确定；

　　　T_p——钢筋开始锈蚀到保护层锈胀开裂的时间，本章分析在于尝试提供一种计算 T_p 的解析公式。

以上假定为弹性分析及弹塑性分析的基本条件。

7.3　基于弹性的开裂模型

7.3.1　弹性假定

弹性分析前进行了如下基本假定：钢筋混凝土是各向同性弹性材料，钢筋的锈蚀体积膨胀是匀速线性的，锈胀力均匀分布。钢筋混凝土几何形状、约束边界、荷载分布均为对称于钢筋中轴线，简化为平面的轴对称问题。在均匀分布锈胀压力的作用下，钢筋周围的圆筒形混凝土区从内向外由开裂区和弹性区组成，开裂区混凝土仍然处于抗压弹性变形状态。开裂区半径为 R_t 随着锈胀应力的增加而不断扩大，混凝土锈胀开裂过程概述见图7-3，h_c 为保护层厚度。

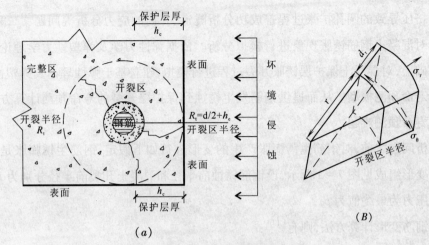

图 7-3　混凝土锈胀开裂弹性模型

(a)整体模型；(b) 微分单元

7.3.2　模型推导

对于图 7-3 所示的模型，依据弹性力学平面应变方程，在弹性区的平衡方程：

$$\frac{d\sigma_r}{dr} + \frac{\sigma_r - \sigma_\theta}{r} = 0 \tag{7-4}$$

物理方程为：

$$\left.\begin{array}{l} \varepsilon_r = \dfrac{1 - \mu^2}{E}\left(\sigma_r - \dfrac{1 - \mu}{\mu}\sigma_\theta\right) \\[3mm] \varepsilon_\theta = \dfrac{1 - \mu^2}{E}\left(\sigma_\theta - \dfrac{1 - \mu}{\mu}\sigma_t\right) \end{array}\right\} \tag{7-5}$$

几何方程为：

$$\left.\begin{array}{l} \varepsilon_r = \dfrac{du_r}{dr} \\[3mm] \varepsilon_\theta = \dfrac{u_r}{r} \end{array}\right\} \tag{7-6}$$

式中　　ε_r——径向应变；

　　　　ε_θ——切向应变；

　　　　σ_r——径向应力；

　　　　u_r——径向位移；

　　　　μ——泊松比；

　　　　σ_θ——切向应力，即为混凝土开裂边缘的拉应力。

联合式(7-4)、式(7-5)和式(7-6)，依据弹性力学中圆筒受均布压力的弹性解析解[13]，得到弹性区域径向应力及切向应力(压为正，拉为负)：

$$\sigma_r = \frac{(R_t/r)^2 - 1}{(R_t/R_0)^2 - 1}p \tag{7-7}$$

$$\sigma_\theta = -\frac{(R_t/r)^2 + 1}{(R_t/R_0)^2 - 1}p \tag{7-8}$$

其中 σ_θ 为混凝土开裂的拉应力，随着 r 值的增大而增大，当扩散到混凝土表面的临界状态时（保护层开裂的极限状态），$r \to R_t$，取 $r = R_t$，式（7-8）变为：

$$\sigma_\theta = -\frac{2p}{(R_t/R_0)^2 - 1} \tag{7-9}$$

当对应着 $r = R_t$ 时刻，拉应力 σ_θ 达到混凝土抗拉强度 σ_t 时，混凝土保护层开裂，即：

$$\sigma_t = \frac{2p}{(R_t/R_0)^2 - 1} \tag{7-10}$$

解式（7-10）得到终压力 p 为：

$$p = \frac{\sigma_t}{2} \cdot \left[(R_t/R_0)^2 - 1 \right] \tag{7-11}$$

式中，σ_t 混凝土抗压强度。此时 R_t 为完全开裂区半径，即混凝土保护层厚度：

$$R_t = \frac{R_0}{2} + h_c \tag{7-12}$$

式（7-12）代入式（7-11）并定义相对保护层厚度 $m = h_c/R_0$，得到保护层开裂时刻的锈胀力 $p(t_p)$：

$$p(t_p) = \frac{\sigma_t}{2} \cdot \left[\left(m + \frac{1}{2} \right)^2 - 1 \right] \tag{7-13}$$

分析问题本质可知锈胀力 p 来自于铁锈的膨胀，膨胀变形产向周边混凝土挤压，即：

$$p(t_p) = E_r \cdot \delta_r \tag{7-14}$$

式中　　E_r——铁锈材料抗压弹性摸量（在工程调查资料的基础上，可取经验参考值）。

　　　　δ_r——钢筋锈胀径向应变。

分析图 7-3 所示可知：

$$\delta_r = 1 - \frac{R_0}{R_u} = \frac{(n-1)\rho(t)}{\sqrt{1 + (n-1)\rho(t)}} \tag{7-15}$$

联合式（7-13）、式（7-14）和式（7-15），并取 $n = 3$ 得到混凝土保护层开裂对应的钢筋锈蚀率：

$$\rho(t_p) = \frac{A + \sqrt{A^2 + 4A}}{4} \tag{7-16}$$

式中，A 为：

$$A = \left[\frac{\sigma_t}{2E_r} (m^2 + m - 0.75) \right]^2 \tag{7-17}$$

式（7-16）表明开裂时刻钢筋锈蚀率与混凝土抗拉强度和保护层厚度有直接关系，随着混凝土抗拉强度 σ_t 增大而增大，也随着相对保护层厚度 m 增大而增大。只要采用合适的钢筋锈蚀量预测公式，理论上讲就可以依据式（7-16）求得锈胀开裂时间 t_p，即所求的 T_p 钢筋开始锈蚀到保护层锈胀开裂第二阶段寿命。

7.4　基于弹塑性的开裂模型

7.4.1　弹塑性假定

以下理论推导均在如下假设的基础上进行，见图 7-4：

（1）钢筋混凝土是各向同性体，钢筋的锈蚀体积膨胀是匀速线性的，锈胀力分布是均匀的。混凝土为理想塑性材料，满足莫尔－库仑塑性破坏准则。

（2）需要分析的钢筋混凝土几何形状、约束边界、所加荷载分布均为对称于钢筋中轴线，简化为平面轴对称问题。

（3）在均匀分布的锈胀压力作用下，钢筋周围的圆筒形混凝土区从内向外由塑性区和弹性区组成。其中，塑性区（$r < R_p$）随着压力的增加而不断扩大。

（4）钢筋生锈膨胀是均匀的。设钢筋锈蚀前半径和混凝土开裂时对应的锈蚀半径分别为 R_0 和 R_u，即相当于圆孔的初始半径 R_0 和扩张后的终半径 R_u。δ_r 为钢筋锈胀后的径向位移，锈胀过程中塑性区半径为 R_p，相应的内压力为最终值为 P_u，在半径 R_p 以外混凝土处于弹性平衡状态。

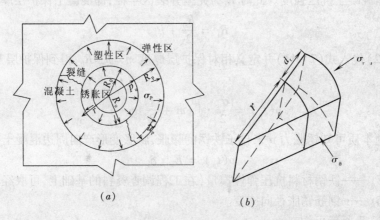

图 7 – 4　混凝土锈胀开裂弹塑性模型
（a）整体模型；（b）微分单元

7.4.2　模型推导

采用极坐标系，设 σ_r 为径向正应力，σ_θ 为环向正应力，因为平面问题，所以 $\tau_{r\theta} = 0$。采用莫尔－库仑准则为混凝土塑性区边界屈服破坏准则，即为：

$$\sigma_\theta = \sigma_r \frac{1 - \sin\phi}{1 + \sin\phi} - 2c \frac{\cos\phi}{1 + \sin\phi} \qquad (7 - 18)$$

由弹性力学圆筒受均布荷载的解析解得弹性区域内任意点处应力和位移解析式，其中应力为：

$$\sigma_r = \frac{R_0^2 p}{r^2} \qquad (7 - 19)$$

$$\sigma_\theta = \frac{-R_0^2 p}{r^2} = -\sigma_r \qquad (7 - 20)$$

弹性区域任意点 $r > R_p$ 位移解为：

$$u_r = \frac{(1 + \mu)}{E} r \sigma_r \qquad (7 - 21)$$

式中　　E——混凝土弹性模量；

　　　　μ——混凝土泊松比；

128

$\varnothing$ ——混凝土材料内摩擦角；

c ——混凝土黏聚力。

对于塑性屈服区域边界有如下微分方程：

$$\frac{d\sigma_r}{dr} = \frac{\sigma_r - \sigma_\theta}{r} = -\left(\frac{\sigma_r}{r} \cdot \frac{2\sin\varnothing}{1+\sin\varnothing} + \frac{1}{r} \cdot \frac{2c\cos\varnothing}{1+\sin\varnothing}\right) \tag{7-22}$$

上式为变量可分离微分方程，结合边界条件 $r = R_u$，$\sigma_r = p_u$ 方程（7-22）的解为：

$$\sigma_r = (p_u + c\cos\varnothing)\left(\frac{R_u}{r}\right)^{\frac{2\sin t}{1+\sin\varnothing}} - c \cdot \cot\varnothing \tag{7-23}$$

对于塑性区边缘，$r = R_p$ 由式（7-23）可求得塑性区域边缘的径向正应力：

$$\sigma_p = (p_u + c \cdot \cos\varnothing)\left(\frac{R_u}{R_p}\right)^{\frac{2\sin t}{1+\sin\varnothing}} - c \cdot \cot\varnothing \tag{7-24}$$

式中 $\varnothing$、c、R_u 为已知量，接下来求解 R_p。

混凝土总应变为弹性应变与塑性区应变之和，依据变形协调条件，在弹性区域与塑性区域分界处有如下关系：

$$\pi(R_u^2 - R_0^2) = \pi u_p^2 + \pi(R_p^2 - R_u^2)\varepsilon^p \tag{7-25}$$

式中 u_p ——塑性区径向小变形（弹性区径向应力作用下）；

ε^p ——塑性区平均应变。

整理上式，并等效替换高阶小量 u_p^2 得到：

$$1 + \varepsilon^p - \left(\frac{R_0^2}{R_u^2}\right) = \left(\frac{R_p^2}{R_u^2}\right)\varepsilon^p + 2u_p \cdot \frac{R_p}{R_u^2} \tag{7-26}$$

对于弹性与塑性分界点，由连续条件可知塑性区径向变形等于弹性区域径向变形：

$$u_p = \frac{1+\mu}{E}R_p\sigma_p \tag{7-27}$$

将式（7-24）代入式（7-27）得到塑性区径向变形：

$$u_p = \frac{1+\mu}{E}R_p\left[(p_u + c \cdot \cos\varnothing)\left(\frac{R_u}{R_p}\right)^{\frac{2\sin t}{1+\sin\varnothing}} - c \cdot \cot\varnothing\right] \tag{7-28}$$

将式（7-28）代入式（7-26）得到：

$$1 + \varepsilon^p - \left(\frac{R_0^2}{R_u^2}\right) = \left(\frac{R_p^2}{R_u^2}\right)\varepsilon^p + 2\frac{R_p^2}{R_u^2}\frac{1+\mu}{E}\left[(p_u + c \cdot \cos\varnothing)\left(\frac{R_u}{R_p}\right)^{\frac{2\sin t}{1+\sin\varnothing}} - c \cdot \cot\varnothing\right]$$

$$\tag{7-29}$$

在塑性区屈服边界有 $r = R_u$，依据莫尔-库仑屈服准则求得：

$$\sigma_p = c \cdot \cos\varnothing \tag{7-30}$$

式（7-30）代入式（7-24）得到：

$$\sigma_p = c \cdot \cos\varnothing = (p_u + c \cdot \cos\varnothing)\left(\frac{R_u}{R_p}\right)^{\frac{2\sin t}{1+\sin\varnothing}} - c \cdot \cot\varnothing \tag{7-31}$$

联合式上述方程组，可得塑性区半径大小为：

$$R_p = R_u\sqrt{\frac{G\left(1 + \varepsilon^p - \left(\frac{R_0^2}{R_u^2}\right)\right)}{c\cos\varnothing + G\varepsilon^p}} \tag{7-32}$$

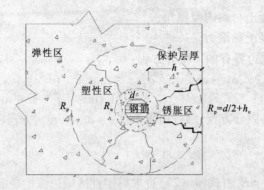

图 7-5　混凝土锈胀开裂过程

钢筋锈胀开裂是由弹性向塑性发展屈服过程,锈胀过程如图 7-5 所示。浇固在混凝土中钢筋生锈膨胀,当塑性区半径穿过钢筋保护层厚度 h_c 时,混凝土锈胀开裂,结构严重劣化,此刻为锈胀开裂寿命,此时对应着临界钢筋锈蚀率,表示钢筋需要锈蚀多少量才能够产生足够的体积膨胀,促使混凝土保护层开裂。所以基于弹塑性理论的混凝土锈胀寿命准则为:

$$R_p \leqslant \frac{d}{2} + h_c \tag{7-33}$$

在已知混凝土强度等级(E、u、c、ϕ),混凝土钢筋保护层厚度为 h_c,钢筋直径为 d 情况下,由弹塑性理论求得塑性区半径公式:

$$R_u^2 = \frac{(c \cdot \cos\phi + G \cdot \varepsilon^p)\left(\frac{d}{2} + h_c\right)^2 + G \cdot \left(\frac{d}{2}\right)^2}{G(1 + \varepsilon^p)} \tag{7-34}$$

假设混凝土开裂塑性应变取 $\varepsilon^p = 1000\mu\varepsilon$,略去部分极小量影响 $1 + \varepsilon^p \approx 1$,式(7-34)可以简化为:

$$R_u^2 = \frac{(c \cdot \cos\phi + G \cdot \varepsilon^p)\left(\frac{d}{2} + h_c\right)^2}{G(1 + \varepsilon^p)} + \left(\frac{d}{2}\right)^2 \tag{7-35}$$

定义 m 为相对保护层厚度,即:

$$m = h_c/d \tag{7-36}$$

把式(7-1)及式(7-36)代入式(7-35)化简得到:

$$\rho(t) = \frac{c \cdot \cos\phi + G \cdot \varepsilon^p}{(n-1) \cdot G \cdot (1 + \varepsilon^p)} \cdot (1 + 2m)^2 \tag{7-37}$$

得到混凝土保护层开裂时临界钢筋锈蚀率,选择合理的钢筋锈蚀率预测公式,也可求得锈胀开裂寿命 t,即所求 T_p 钢筋开始锈蚀到保护层锈胀开裂寿命。这就是基于弹塑性理论的锈胀开裂预测基本思路。

7.4.3　模型特性分析

接下来,对弹塑性模型参数敏感性进行分析。为了分析模型中相对保护层厚度 m 的影响,采取算例进行试算分析,算例参数见表 7-1。

相对保护层厚度影响算例								表7-1
参数	d(mm)	ϕ	n	E(MPa)	C(MPa)	μ	ε^p	G(MPa)
取值	20	40°	2	3.0e4	0.2	0.2	0.001	1.25e4

钢筋相对保护层厚度 m 分别取0.5、1.0、1.5、2.0、2.5、3.0、4.0,把参数代入式(7-39)计算得到临界钢筋锈蚀率随着相对保护层厚度变化曲线,见图7-6所示。

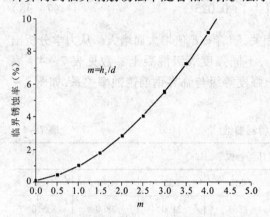 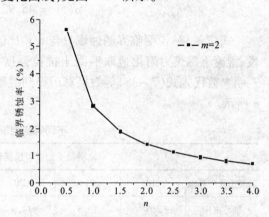

图7-6 相对保护层厚度 m 与临界锈蚀率关系　　　　图7-7 铁锈膨胀率 n 与临界锈蚀率关系

图7-6显示随着相对厚度 m 增加,锈胀开裂临界锈蚀率快速增加,如当 $m=1.0$ 时,h_c =20mm,此时临界锈蚀率为 1.01%;当 $m=2.5$ 时,$h_c=50$mm,此时临界锈蚀率为 4.05%。相对保护层厚度 m 与临界锈蚀率关系说明了增加混凝土保护层厚度在耐久性设计方面具有重要意义。同时也说明了,相对厚度满足一定条件下,混凝土保护层才能锈胀开裂。模型分析说明了在很大的保护层下可能不会出现锈胀开裂现象,此时锈胀开裂寿命准则失效,需要改用其他方法评价混凝土结构寿命。

为了分析模型中铁锈膨胀率 n 的影响,采取不同 n 值的算例,算例参数见表7-2。

铁锈膨胀率影响算例								表7-2
参数	d(mm)	ϕ	m	E(MPa)	C(MPa)	μ	ε^p	G(MPa)
取值	20	40°	2	3.0e4	0.2	0.2	0.001	1.25e4

铁锈膨胀率 n 分别取值0.5、1.0、1.5、2.0、2.5、3.0、3.5、4.0。铁锈膨胀率 n 与钢筋临界锈蚀率关系见图7-7。图7-7显示随着铁锈膨胀率 n 的增加,临界锈蚀率呈几何级数快速下降,铁锈膨胀率 n 对混凝土结构锈胀开裂的影响非常大。铁锈膨胀率 n 与临界锈蚀率关系说明了在实际工程应用中应该尽量避免铁锈生成结晶物的环境,以减小 n 值,确保混凝土结构的耐久性。

混凝土等级决定了莫尔-库仑材料模型中的参数 E、u、c、ϕ 值,这些参数综合影响着钢筋临界锈蚀率。在此设计算例,分析材料参数对临界锈蚀率的影响,此算例分析不考虑混凝土强度等级增加对抗渗性能增加的影响,单纯从力学机理分析。其中 u 和 ϕ 值变化幅度较小,为了简化分析,u 和 ϕ 值取定值。混凝土强度等级影响算例参数见表7-3。

混凝土强度等级影响算例　　　　　　　　　表 7 - 3

参数	$d(\text{mm})$	ϕ	m	μ	ε^p
取值	20	40°	2	0.2	0.001

假设 u 和 ϕ 值取定值,因此式(7 - 37)可以化简为:

$$\rho(t) = 45.92 \cdot \left(\frac{c}{E}\right) + 0.025 \tag{7 - 38}$$

式(7 - 38)说明临界锈蚀率只与 c/E 比值相关,随着 c/E 值增大而增大。从力学分析出发,混凝土黏聚力简化地取混凝土抗拉强度 σ_t,不同强度等级混凝土参数见表 7 - 4。表 7 - 4参数代入式(7 - 38)等效换算后得到混凝土强度等级与临界钢筋锈蚀率关系,如图 7 - 8 所示。

不同等级混凝土材料参数[14]　　　　　　　　　表 7 - 4

混凝土的极限强度和受压弹性模量(MPa)							
混凝土强度等级	C10	C15	C20	C25	C30	C40	C50
轴心抗压	7.0	10.5	14.0	17.5	21.0	28.0	35.0
轴心抗拉	1.0	1.3	1.6	1.9	2.1	2.6	3.0
弹性模量	$1.85\,e^4$	2.3^4	$2.6e^4$	$2.85e^4$	$3.0e^4$	$3.3e^4$	$3.5e^4$
$C/E \times 10^{-4}$	0.54	0.57	0.62	0.67	0.70	0.79	0.86

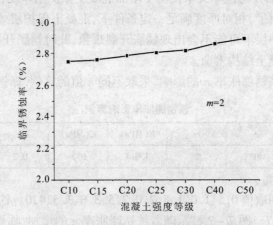

图 7 - 8　混凝土强度等级与锈蚀率关系

图 7 - 8 显示在不考虑混凝土强度等级增加抗渗性能得到改善的情况下,随着混凝土强度等级增加,理论计算得到的混凝土结构锈胀开裂临界锈蚀率增加缓慢。对于 $m = 2.0$ 时,C10 混凝土对应的临界锈蚀率为 2.71% ,C30 混凝土对应的临界锈蚀率为 2.82%。分析结果说明了在混凝土结构耐久性设计中,单纯提高混凝土强度等级的设计方法来增加结构耐久性并不经济。

主要参考文献：

［1］Bazant Z. P. Crack – band theory for fracture of concrete［J］. Material and Structures,1983,16(6):155 – 177.

［2］Andrade C. Cover cracking as a function of bar corrosion：Part I – Experimental test［J］. Material and Structures, 1993, 26(5):453 – 464.

［3］屈文俊,张誉. 侵蚀性环境下混凝土结构耐久寿命预测方法探讨［J］. 工业建筑,1999,Vol29(4): 40 – 44.

［4］Liu Y, Weyers R. E. Modeling the time – to – corrosion cracking in chloride contaminated reinforced concrete structures［J］. ACI Material Journal,1998,95(6):675 – 681.

［5］Peterson J. E. A time to cracking model for critically contaminated reinforced concrete structures［D］. Virginia Polytechnic Institute and State University, Virginia ,1993.

［6］Morinaga S. Prediction of service lives of reinforced concrete buildings based on the rate of corrosion of reinforcing steel［C］. Special report of the Institute of Technology. Japan, Shimizu Corporation,1989, 125 – 130.

［7］金伟良. 钢筋混凝土构件的均匀钢筋锈胀力的机理研究［J］. 水利学报,2001,7(7):57 – 63.

［8］赵羽习,金伟良. 混凝土锈胀时刻钢筋锈蚀率的数值分析方法［J］. 浙江大学学报, 2008,42 (6): 1080 – 1084.

［9］王海龙. 冻融环境下钢纤维对轻骨料混凝土力学性能的影响［J］.混凝土,2006,226(8):65 – 68.

［10］李海波,鄢飞,赵羽习等. 钢筋混凝土结构开裂时刻的钢筋锈胀力模型［J］.浙江大学学报, 2000,34 (4): 415 – 422.

［11］梁发云,陈龙珠. 应变软化 Tresca 材料中扩孔问题解答及其应用［J］. 岩土力学,2004,25(2):261 – 265.

［12］惠云玲,林志伸,李荣. 锈蚀钢筋性能试验研究分析［J］. 工业建筑,1997, 26(6): 10 – 13.

［13］徐芝纶. 弹性力学简明教程［M］. 北京:高等教育出版社,1983.

［14］宋玉普,王清湘编著. 钢筋混凝土结构［M］. 北京:机械工业出版社,2004.

第8章 城市地下结构耐久性寿命预测方法

8.1 引 言

结构耐久性是属于正常使用状态的要求范畴。Mehta 教授对混凝土结构耐久性研究很早,总结了耐久性影响因素。CRC 技术委员会、英国等在总结当时已有研究成果的基础上,阐述了混凝土保护钢筋的作用、混凝土碳化导致钢筋脱钝、氯离子破坏钝化膜以及脱钝后钢筋腐蚀的机理。Collepardi M.[1]提出了混凝土结构耐久性全过程模型 WLC。美国学者 S. P. Shah[2]指出高性能混凝土必须考虑耐久性。Mmolczyk[3]基于混凝土抗压强度提出碳化深度计算公式。Gonzalezt[4]对混凝土中钢筋脱钝锈蚀过程、钢筋锈蚀的影响以及钢筋锈蚀的速度进行了讨论。Bazant[5]根据化学反应动力学和电化学原理建立了海洋环境下混凝土中钢筋锈蚀的理论数学模型。Dagher[6]等分别描述了混凝土梁和板中钢筋锈蚀破坏形态。Hausmannl[7]等学者针对混凝土中钢筋锈蚀问题进行了研究。Clear[8]等经验模型曾成功地应用于海洋油罐和河堤等大型混凝土氯离子侵蚀寿命预测。Maage[9]等利用 Fick 第二扩散定律,得出了一个预测基于氯离子渗透的现有混凝土耐久性寿命的半经验模型。Thomas M.[10]、Alonso C.[11]、Moris W.[12]等对混凝土结构中氯离子的浓度界限进行了深入研究,给出了不同条件下的参考值。Morinaga[13]提出以氯离子引起钢筋锈蚀以致混凝土出现裂缝为寿命准则。Funahashi[14]提出以钢筋开始锈蚀作为结构使用寿命终结的标志。美国在大量的基础研究后提出了混凝土结构寿命周期评价方法 LCA,代替了定性经验模型方法[15]。

城市地下结构耐久性侵蚀的一般环境因素中,主要在于结构外侧的氯离子及硫酸根离子侵蚀,结构内侧的封闭环境下碳化侵蚀,见图 8-1 所示。在地下结构寿命预测过程中,分别对结构外侧面及内侧面进行单独计算,结构面外侧考虑在氯离子和硫酸根离子侵蚀下的耐久性寿命,内侧则主要考虑碳化侵蚀下的耐久性寿命。最终取两者中的小值作为结构寿命。

根据城市地下结构侵蚀环境特点,将城市地下结构的耐久性寿命组成划分为初始锈蚀阶段和锈胀开裂阶段,提出了针对碳化侵蚀、氯离子侵蚀和硫酸盐侵蚀的城市地下结构中耐久性剩余寿命预测方法及寿命准则。在硫酸盐对混凝土侵蚀研究方面,人们对侵蚀机理进行了较多的研究,在研究硫酸盐侵蚀的寿命预测理论模型方面由于问题的复杂性,目前尚无成熟的成果可用。在硫酸盐寿命预测中,多用反映硫酸盐侵蚀程度的耐久性参数,即试件的抗折强度 R_t 衰减劣化规律来近似模拟。

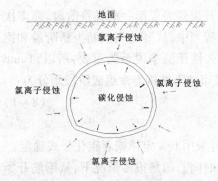

图 8-1 城市地下结构侵蚀环境

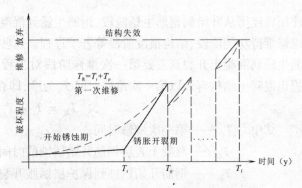

图 8-2 城市地下结构寿命阶段划分

8.2 地下结构寿命组成

8.2.1 结构寿命准则

影响城市地下混凝土结构耐久性的主要因素是混凝土中的钢筋锈蚀,目前在混凝土结构耐久性评估中,主要有四种寿命判断准则[16]。

1. 碳化寿命准则

碳化寿命准则是以钢筋保护层混凝土完全碳化,从而失去对钢筋的保护作用,使钢筋开始产生锈蚀的时间作为混凝土结构的耐久性寿命。这一准则要求严格,适合于不允许钢筋锈蚀的重要构件(如预应力构件等)。但是在采用碳化寿命准则时,还应综合考虑其他影响因素,如环境、侵蚀条件和结构的受力性质等。

2. 锈胀开裂寿命准则

锈胀开裂寿命准则是以混凝土表面出现顺筋的锈胀裂缝所需时间作为结构的耐久性寿命。这一准则认为,混凝土中的钢筋锈蚀使混凝土纵向开裂以后,钢筋锈蚀速度会明显加快,结构安全储备下降,已经不能达到正常使用状态。

3. 裂缝宽度与钢筋锈蚀量限值寿命准则

认为裂缝宽度或钢筋锈蚀量达到某一限值时寿命终止,这个准则的变化范围较大,定量确定还存在困难。

4. 承载力寿命准则

承载力寿命准则是考虑钢筋锈蚀等原因引起的抗力退化,以构件的承载力降低到某一界限值作为寿命终止的标志。

8.2.2 结构寿命阶段

英国建筑结构耐久性标准将寿命分为要求使用寿命、预期使用寿命及设计寿命。Somerville[17]将混凝土结构寿命分为技术性使用寿命、功能性使用寿命和经济性使用寿命。1982年K. Tuutti[18]提出了基于钢筋锈蚀的结构构件使用寿命两阶段预测模型。Henrisen[19]细化和改进了K. Tuutti模型,提出的结构寿命组成见图8-2。结构从建成投入使用将经历从开始到钢筋生锈阶段、钢筋生锈到混凝土开裂到需要第一次维修阶段、靠多次维修维持功能阶段、结构报废阶段等若干过程。这些过程当中，从开始到钢筋生锈阶段和钢筋生锈到混凝土开裂到需要第一次维修阶段对工程耐久性预测来说至关重要，所以，Tuutti 提出混凝土结构寿命以第一次维修时间 T_R 为准，即在城市地下结构寿命组成阶段划分为：

$$T_R = T_i + T_p \qquad\qquad (8-1)$$

式中　　T_R——第一次维修时间；

　　　　T_i——混凝土表层钢筋开始锈蚀的时间，可采用 fick 定律或者碳化公式确定；

　　　　T_p——钢筋开始锈蚀到保护层锈胀开裂的时间。但是很多情况下，从钢筋开始锈蚀到混凝土保护层开裂的寿命简单化地取经验值，这样做缺少理论依据，也给工程应用带来了困惑。

8.2.3　地下结构寿命预测流程

在南方大多数城市的一般情况下，城市地下结构耐久性一般侵蚀环境考虑氯离子侵蚀、硫酸根离子及碳化侵蚀就基本可以满足工程需要（特殊情况及特殊要求的除外）。在实际的工程应用中，考虑氯离子侵蚀、硫酸根离子及碳化侵蚀条件下的耐久性寿命评价方法及流程，见图 8-3。

在城市地下结构耐久性寿命预测之前，需要进行环境因素调查，在这个阶段需要调查清楚地下结构耐久性破坏的主要影响因素及结构所处的环境。然后收集设计资料，统计混凝土强度等级、钢筋规格、钢筋分布情况、保护层厚度、防腐措施等等。资料不齐全的，需要补充现场测试。基础资料收集齐后，按地下结构内侧面及外侧面的条件分别建立耐久性寿命预测模型，并确定各自的模型参数。计算内侧预测寿命值及外侧预测寿命值，最终取两者中的较小值，作为城市地下结构的结构寿命值。

8.3　碳化侵蚀寿命预测

常规的碳化寿命准则认为钢筋一旦开始锈蚀，不大的锈蚀量、不长的时间就足以使混凝土开裂，有人认为这一提法比较适合于不允许钢筋锈蚀的钢筋混凝土构件（如预应力构件等）。大量实际工程调查表明，混凝土碳化深度达到钢筋表面并不是钢筋锈蚀的充分条件，特别是在比较干燥环境的结构，有的碳化深度已经达到甚至超过钢筋表面，但是钢筋尚未锈蚀，这在广州九号工程耐久性调查中就存在此类情形。所以在采用碳化寿命准则时还应综合考虑其他影响因素，如环境、侵蚀条件和结构性质等，同时，也要考虑到实际工程应用情况。

在城市地下结构耐久性寿命预测中，碳化寿命准则可以钢筋混凝土保护层完全碳化，钢筋开始锈蚀，直到钢筋保护层锈胀开裂并且裂缝宽度发展到一定宽度为终结标准。

8.3.1　碳化寿命组成

碳化作用下的城市地下结构耐久性能退化过程为：碳化深度达到钢筋表面→钢筋开始生锈→钢筋锈蚀膨胀→混凝土结构保护层开裂→裂缝继续扩展→N 次维修→结构失效。对于城市地下结构工程，可取碳化寿命准则为：当碳化造成的混凝土表层锈胀开裂裂缝宽度达到一定限度时，认为混凝土结构耐久性使用寿命终止，见图 8-4 所示。

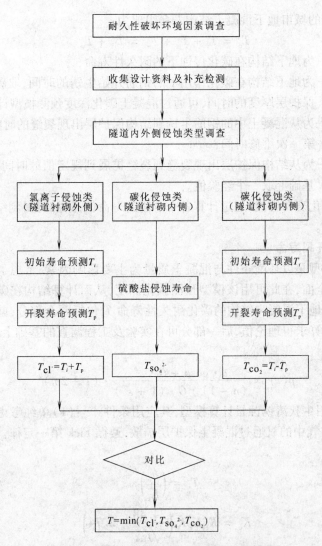

图 8-3　城市地下结构耐久性寿命评价流程

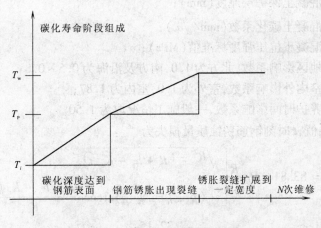

图 8-4　碳化寿命阶段组成

即碳化作用下的城市地下混凝土结构寿命组成为：

$$T_c = T_i + T_\rho + T_w = T_R + T_w \qquad (8-2)$$

式中 T_c——为地下结构在碳化侵蚀下的耐久性寿命；

   T_i——为地下结构在碳化作用下的钢筋开始生锈的时间，取碳化深度到达钢筋保护层厚度的时间，可通过混凝土碳化深度预测模型计算得到；

   T_ρ——为从混凝土中的钢筋生锈到结构保护层出现裂缝的时间；

   T_R——第一次维修时间；

   T_w——为从结构保护层出现裂缝到裂缝扩展到规定值的时间，在大量工程调查基础上取一个经验值。

定义了结构碳化寿命组成，通过计算各个阶段的寿命值，累加可得到结构在碳化作用因素下的耐久性寿命。

8.3.2 锈胀开裂寿命

牛荻涛随机模型是以环境条件与混凝土质量为主要影响因素，考虑了多种因素综合作用，考虑问题比较全面，在此可用该模型预测碳化深度，从而计算结构在碳化作用下的钢筋开始生锈的时间。地下混凝土结构的碳化耐久性寿命 T_c 包括两个部分，前一部分可以采用弹塑性力学理论计算求得理论值，后一部分可在实验及工程调查的基础上取经验值，此应用到：

$$\rho(t) = \frac{c \cdot \cos\phi + G \cdot \varepsilon^p}{(n-1) \cdot G \cdot (1+\varepsilon^p)} \cdot (1+2m)^2 \qquad (8-3)$$

接着，参考应用牛荻涛锈蚀量计算模型，其应用条件[16]：(1)单纯考虑混凝土碳化引起的钢筋锈蚀；(2)空气中的氧通过混凝土保护层扩散，遵循 Fick 第一定律。钢筋开始锈蚀时间 T_i 为：

$$T_i = \left(\frac{h_c}{K_c}\right)^2 \qquad (8-4)$$

$$K_c = K_{el} K_{ei} K_t \left(\frac{24.48}{\sqrt{f_{cuk}}} - 2.74\right) \qquad (8-5)$$

式中 T_i——锈蚀开始时间(a)；

   h_c——混凝土保护层厚度(mm)；

   K_c——混凝土碳化系数(mm/$\sqrt{a}$)；

   f_{cuk}——混凝土抗压强度标准值(MPa)；

   K_{el}——地区影响系数，北方为 1.0，南方及沿海为 0.5~0.8；

   K_{ei}——室内外影响系数，室外为 1.0，室内为 1.87；

   K_t——养护时间影响系数，一般施工情况取为 1.50。

接下来求解 T_ρ 值，t 时刻钢筋锈蚀质量损失为[16]：

$$W_t = 83.81 \cdot D_0 \frac{R}{K_c^2} \left[\begin{array}{l} \sqrt{R^2 - (R + h_c - K_c\sqrt{t})^2} \\ - (R + h_c - k_c\sqrt{t}) \arccos \dfrac{R + h_c - K_c\sqrt{t}}{R} \end{array} \right] \qquad (8-6)$$

$$D_0 = 0.01\left(\frac{32.15}{f_{cuk}} - 0.44\right) \qquad (8-7)$$

式中 t——时间(a),$t > t_p$;

W_t——t 时刻的锈蚀量损失,g/mm;

D_0——氧气扩散系数,mm^2/s;

R——原始钢筋半径 $R = d/2(mm)$。

牛狄涛[16]采用大于腐蚀临界湿度的发生概率 P_{RH} 对式(7-6)的钢筋锈蚀量损失修正为:

$$W_t = 2.35 P_{RH} \cdot D_0 \frac{R}{K_c^2} \left[\begin{array}{c} \sqrt{R^2 - (R + h_c - K_c \sqrt{t})^2} \\ - (R + h_c - k_c \sqrt{t}) \arccos \frac{R + h_c - K_c \sqrt{t}}{R} \end{array} \right] \qquad (8-8)$$

对应 t 时刻,相应的钢筋截面质量损失率 $\rho(t)$ 为:

$$\rho(t) = \frac{W_t}{\pi R^2 \rho_{Fe} \times 10^{-3}} \times 100 \qquad (8-9)$$

式中 ρ_{Fe} 为钢铁密度,式(8-9)化简并忽略高阶小量可以变为:

$$\rho(t) = P_{RH} \cdot D_0 \frac{1}{100 \cdot (d/2) \cdot K_c^2} \left[\begin{array}{c} \sqrt{(d/2)^2 - (d/2 + h_c - K_c \sqrt{t})^2} \\ - (d/2 + h_c - k_c \sqrt{t}) \arccos \frac{d/2 + h_c - K_c \sqrt{t}}{d/2} \end{array} \right]$$

$$(8-10)$$

把式(8-10)代入式(7-37)化简得到碳化侵蚀下混凝土锈胀开裂寿命预测模型,见式(8-11):

$$\frac{c \cdot \cos\phi + G \cdot \varepsilon^p}{(n-1) \cdot G \cdot (1 + \varepsilon^p)} \cdot (1 + 2m)^2$$

$$= P_{RH} \cdot D_0 \frac{1}{100 \cdot (d/2) \cdot K_c^2} \left[\begin{array}{c} \sqrt{(d/2)^2 - (d/2 + h_c - K_c \sqrt{t})^2} \\ - (d/2 + h_c - k_c \sqrt{t}) \arccos \frac{d/2 + h_c - K_c \sqrt{t}}{d/2} \end{array} \right] \qquad (8-11)$$

对于式(8-11)难以直接得到解析表达式,在实际工程应用中采用迭代法实现。先按式(8-11)左边公式求得混凝土锈胀开裂临界锈蚀率 $\rho'(t)$;然后按式(8-4)求得开始锈蚀时间 T_i;按式(8-12)计算迭代步长;最后取 $T_1, T_2, T_3 \ldots T_n (T > T_i)$ 代入式(8-11)右边公式迭代计算求得相应的锈蚀率 $\rho_1(T), \rho_2(T), \rho_3(T) \cdots \rho_n(T)$;当 $\rho_n(T) \geq \rho'(t)$ 时,停止迭代计算。此时对应的时间 T_n 就是胀锈开裂预测寿命值。

$$T_n = T_i + n \cdot \Delta t \qquad (n = 1,2,3 \cdots) \qquad (8-12)$$

式中 Δt——时间迭代步长,一般取 $1 \sim 3a$。

8.3.3 裂缝扩展寿命

对于城市地下结构工程而言,当碳化造成的混凝土钢筋锈胀开裂裂缝宽度达到一定限度时,认为结构混凝土寿命终止。由此详细划分,碳化作用下的混凝土结构寿命由3部分组成,前面两个部分可以采用半理论半经验方法求得。第三部分寿命:从结构保护层出现裂缝到裂缝扩展到规定值采用经验方法确定。

从结构保护层出现裂缝到裂缝扩展到规定值的时间 T_w 在工程调查的基础上采用经验

方法确定。不同要求的城市地下结构可采用如下经验值，见表 8-1。

T_w 经验值推荐表

表 8-1

环境作用等级	环境条件	T_w 经验值/a
A	室内干燥环境	8~10（混凝土强度高，环境干燥取高值）
	永久的静水浸没环境	10~12（混凝土强度高，浸没条件好取高值）
B	非干湿交替的室内环境	8~10（混凝土强度高，环境干燥取高值）
	非干湿交替的露天环境	4~6（混凝土强度高，环境干燥取高值）
	长期浸润环境	6~8（混凝土强度高，环境干燥取高值）
C	干湿交替环境	4~6（混凝土强度高，环境干燥取高值）

8.4 氯盐及硫酸盐侵蚀寿命预测

8.4.1 氯盐侵蚀寿命预测

氯离子侵蚀条件的寿命预测采用两阶段寿命组成，见式(7-3)所示，其中混凝土表层钢筋开始锈蚀的时间 T_i 采用第五章改进的 Fick 定律中的公式(5-25)确定，寿命计算可采用计算程序 life365。

钢筋开始锈蚀到保护层锈胀开裂的时间 T_p 采用锈胀开裂寿命预测模型，该模型从钢筋发生锈蚀到保护层开裂的预测模型进行计算。

8.4.2 硫酸盐侵蚀寿命预测

在硫酸盐对混凝土侵蚀研究方面，人们对侵蚀机理进行了较多的研究。在研究硫酸盐侵蚀的寿命预测理论模型方面由于问题的复杂性，目前尚无成熟的成果可用。在硫酸盐寿命预测中，多用反映硫酸盐侵蚀程度的耐久性参数，即试件的抗折强度 R_t 衰减劣化规律来近似模拟[20]。硫酸盐侵蚀情况下，混凝土抗折强度耐久性劣化率衰减规律表示为：

$$\frac{dR_t}{dt} = -\lambda(R_t - R_0) \tag{8-13}$$

解方程可得：

$$R_t = aR_0 e^{-\lambda t} \tag{8-14}$$

式中　　a ——为待定系数，与混凝土品质和硫酸盐浓度有关，可由试验确定；

　　　　λ ——为衰减系数，可由实验曲线拟合确定；

　　　　R_t ——与 t 时刻对应的混凝土抗折强度值；

　　　　R_0 ——与初始时刻的混凝土抗折强度值。

李田[21]提出当试件抗折强度低于初始抗折强度的 80% 时，认为混凝土抗硫酸盐侵蚀的耐久性寿命已经丧失，以此作为估算硫酸盐侵蚀的寿命准则，此时对应的衰减时间就是硫酸盐侵蚀作用下的寿命。在城市地下结构硫酸盐侵蚀耐久性寿命预测中，采用抗折强度衰减法进行预测。首先进行寿命预测之前就必须对地下结构所处的硫酸盐侵蚀浓度进行调查,然后进行室内模拟实验,确定抗折强度衰减规律式(8-14)的参数,再进行寿命预测估算。

8.5 工程应用实例

8.5.1 工程概况

九号工程为广州市地下人防隧道,至今服役时间41年。隧道断面采用直墙式半圆拱,边墙与底板分离,绝大部分采用素混凝土浇筑衬砌,局部不良地质地段或岔口地段采用钢筋混凝土衬砌。采用本文的预测方法,对广州九号工程钢筋混凝土衬砌结构的耐久性寿命进行预测,预测段的典型隧道断面见图8-5,典型的钢筋混凝土隧道横断面净宽3m,净高2.85m,净断面7.8m²。拱顶和侧墙的钢筋混凝土厚度为350mm,底板混凝土厚度为100mm。

耐久性环境因素调查结果表明九号工程隧道结构外侧主要受氯离子和硫酸根离子侵蚀,内侧主要受碳化侵蚀。地下水对混凝土具有弱腐蚀性,主要表现为$[SO_4^{2-}]$和$[Cl^-]$腐蚀共同作用,地下水水质分析表明代表浓度为$[Cl^-]$为1100mg/L、$[SO_4^{2-}]$为500mg/L。由实测值确定混凝土表面氯离子累积浓度值为0.21%(总氯离子质量含量与混凝土质量之比)。九号工程所处碳化环境为封闭环境,CO_2浓度在570~670ppm之间环境温度在23~24°C,相对湿度在58%~61%之间。隧道衬砌混凝土强度等级为C18(f_{cuk}=12.5MPa),衬砌外侧钢筋保护层平均厚度45mm,衬砌内侧钢筋保护层平均厚度30mm,衬砌主筋为二级钢筋,钢筋有效直径为16mm。

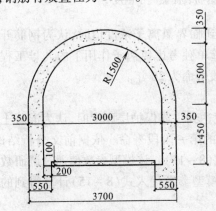

图8-5 预测段横向断面图

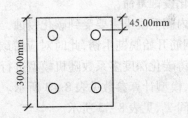

图8-6 九号工程耐久性寿命预测计算单元

8.5.2 第一阶段寿命预测

1. 氯离子侵蚀寿命

九号工程隧道衬砌外侧受氯离子侵蚀引起的钢筋锈蚀时,九号工程隧道结构钢筋开始生锈的时间T_i采用life365程序计算,计算模型见图8-6。计算模型参数采用室内模拟实验及工程调查时的耐久性现场测试数据确定,混凝土表面累积的氯离子浓度值为$C_s/\%=$ 0.21,临界氯离子浓度值为$C_{cr}/\%=0.05$,采用推荐值($D_{28}/m^2 \cdot s^-=10e^{-12}$,$m=0.5$),主要计算参数见表8-2。将确定的模型参数代入计算模型,氯离子含量随着深度分布计算结果见图8-7(a),钢筋表面累积的氯离子浓度随时间变化曲线见图8-7(b)。

开始锈蚀时间计算参数   表8-2

计算参数	Cl⁻表面浓度 $C_s(\%)$	保护层厚度 $X_{cover}(mm)$	Cl⁻浓度限值 $C_{cr}(\%)$	扩散系数 $D_{28}(m^2 \cdot s^-)$	扩散系数衰减常数 m
参数取值	0.21	45.0	0.05	$8.0e^{-12}$	0.5

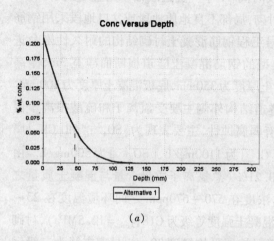

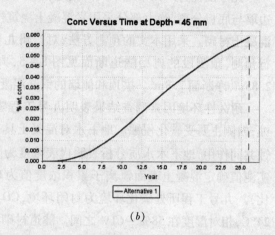

(a)   (b)

图8-7   九号工程开始锈蚀时间 T_i 计算结果

(a)氯离子含量随着深度分布;(b)钢筋表面氯离子浓度

当衬砌结构主筋表面混凝土[Cl⁻]累积含量达到临界氯离子浓度值时,认为钢筋开始生锈,对应着第一阶段寿命值。计算结果表明外侧壁单独考虑氯离子作用下的九号工程隧道结构钢筋开始锈蚀预测时间 $T_i = 26$ 年,即第一阶段寿命为26年。

2. 碳化侵蚀寿命

衬砌内侧混凝土主要受到碳化侵蚀,当碳化深度达到主筋保护层厚度时,认为混凝土被中性化,钢筋开始脱钝生锈,此时对应着碳化侵蚀下的第一阶段寿命。依据前文分析结论,采用牛荻涛碳化深度多系数随机模型进行预测,见式(8-15)。该模型参数值通过调研数据反演确定,模型计算参数见表8-3所示。将确定的模型参数代入式(8-15)计算得到的初始锈蚀时间 T_i,见表8-3所示。

$$X = 2.56K_{mc}k_jk_{CO_2}k_pk_s\sqrt[4]{T}(1 - RH)RH\left(\frac{57.94}{f_{cuk}} - 0.76\right)\sqrt{t} \tag{8-15}$$

碳化寿命预测的第一阶段寿命值   表8-3

广州地区计算参数推荐值								初始锈蚀预测值 T_i/年
保护层厚度	参数 (k_{mc})	参数 (k_j)	参数 (k_{CO2})	参数 (k_p)	参数 (k_e)	参数 (k_f)	参数 (k_s)	
30	0.5	1.0	1549	1.2	2.69	3.56	1.0	65

注:参数含义同第4章。

计算结果表明内侧壁考碳化侵蚀下，九号工程隧道结构钢筋开始锈蚀预测时间 $T_i = 65$ 年，即九号工程结构内侧壁在封闭环境的碳化侵蚀下第一阶段寿命为 65 年。

8.5.3 第二阶段寿命预测

前文分析了地下结构钢筋锈蚀破坏特点，采用力学模型模拟了钢筋混凝土锈胀开裂过程。应用弹塑性力学理论，建立了混凝土保护层钢筋锈蚀膨胀开裂寿命预测模型，用于解决钢筋混凝土从钢筋锈蚀发生到保护层开裂的第二阶段寿命预测计算难题。在九号工程第二阶段寿命预测中，首先采取依据式(8-16)或者式(8-17)求得的钢筋锈蚀率，然后结合工程调研求得钢筋锈蚀量年增长的经验模型，最后求得混凝土锈胀开裂第二阶段寿命值 t_p。对于九号工程采用钢筋锈蚀匀速增长的经验模型：

$$\rho(t) = K \cdot t \qquad (8-16)$$

式中，K 是综合各种影响因素的经验锈蚀速率(% · a^{-1})，由实验数据确定为 $K = 0.25\%$ · a^{-1}。

1. 弹性力学模型预测值

依据弹性理论经验模型，即由式(8-16)及式(7-16)综合得到弹性模型条件下的锈胀开裂时刻的锈蚀率表达式为：

$$K \cdot t_p = \frac{A + \sqrt{A^2 + 4A}}{4} \qquad (8-17)$$

计算模型中的各个参数值，参考不同等级混凝土参数(表8-4)和九号工程隧道衬砌钢筋混凝土结构检测试验及其反演计算结果确定。对于九号工程隧道衬砌结构，基于弹性锈胀开裂时间预测模型的计算参数值见表8-5所示。

不同等级混凝土材料参数[18] 表8-4

混凝土的极限强度和受压弹性模量(MPa)						
强度等级	C10	C15	C20	C25	C30	C40	C50
轴心抗压	7.0	10.5	14.0	17.5	21.0	28.0	35.0
轴心抗拉	1.0	1.3	1.6	1.9	2.1	2.6	3.0
弹性模量	1.85e^4	2.3e^4	2.6e^4	2.85e^4	3.0e^4	3.3e^4	3.5e^4

弹性模型计算参数 表8-5

计算参数	钢筋半径 R_0(mm)	保护层厚度 h_c(mm)	混凝土弹模 E(MPa)	铁锈弹模 E_r(MPa)	混凝土抗拉强度 σ_t(MPa)	锈蚀速率 K(% · a^{-1})
参数取值	8.0	45.0	2.4e^4	5.0e^5	1.5	0.0925

注：基本参数由参考材料手册确定，其中铁锈弹性模量，由于问题的复杂性在此由弹性公式反算并取估计。

把表8-5数据代入式(8-17)，计算得到九号工程钢筋混凝土衬砌结构从钢筋生锈开始到混凝土保护层开裂的第二阶段寿命预测值，$t_p = 12$ 年。

2.弹塑性力学模型预测值

依据弹塑性理论经验模型，即由式（8-16）及式（7-37）得到弹塑性条件下的锈胀开裂时刻的锈蚀率表达式为：

$$K \cdot t_p = \frac{c \cdot \cos\varnothing + G \cdot \varepsilon^p}{(n-1) \cdot G \cdot (1 + \varepsilon^p)} \cdot (1 + 2m)^2 \tag{8-18}$$

式中各参数物理意义同前，对于九号工程参考材料手册确定了弹塑性模型各项参数值，见表8-6。把表8-6中参数值代入式（8-18），叠加计算得到九号工程钢筋混凝土衬砌结构从钢筋生锈开始到混凝土保护层开裂的第二阶段寿命预测值 $t_p = 16$ 年。

弹塑性模型计算参数 表8-6

模型参数	钢筋直径 d(mm)	混凝土内摩擦角 ϕ	混凝土内聚力 c(MPa)	混凝土泊松比 μ	铁锈膨胀系数 n	混凝土弹模 E(MPa)	混凝土临界塑性应变 ε^p	混凝土剪切模量 G(MPa)
参数取值	16	42°	1.5	0.20	2	$2.4e^4$	0.001	$3.0e^4$

8.5.4 硫酸盐侵蚀寿命

九号工程隧道衬砌外侧受硫酸根离子侵蚀引起的耐久性破坏时，采用抗折强度劣化衰减规律进行寿命预测。认为当试件抗折强度低于初始抗折强度的80%时，城市地下结构混凝土抗硫酸盐侵蚀的耐久寿命已经丧失，由式（8-14）取自然对数，得到式（8-19）。

$$t = \frac{\ln a + \ln(R_0 - R_t)}{\lambda} \tag{8-19}$$

式中 a——为待定系数，与混凝土品质和硫酸盐浓度有关，可由试验确定；

λ——为衰减系数；

R_t——与 t 时刻对应的混凝土抗折强度值；

R_0——与初始时刻的混凝土抗折强度值。

依据模拟广州地下结构硫酸盐侵蚀试验，确定了式（8-19）参数取值，见表8-7，$[SO_4^{2-}]$ 实际代表浓度为1500mg/L，实验浓度值为24520mg/L，浓度放大倍数为16倍。把表8-7参数代入式（8-19）计算得到硫酸盐侵蚀的耐久性寿命 $T = 67$ 年。

硫酸盐侵蚀寿命预测参数 表8-7

初始抗折强度 R_0(MPa)	截止抗折强度 R_t(MPa)	实验衰减系数 λ	计算衰减系数 λ	待定系数 a
6.7	5.36	0.24	0.015	3.41

注：考虑到侵蚀浓度影响，实验衰减系数除以浓度方法倍数，得到计算衰减系数。

8.5.5 寿命预测讨论

在确定地下结构最终耐久性寿命取值时，按地下结构内侧面及外侧面的条件分别建立耐久性寿命预测模型，计算内侧壁结构预测寿命值及外侧壁结构预测寿命值，最终取两者中的较小值作为城市地下结构的结构寿命值。经过计算,得到了不同侵蚀下的九号工程衬砌结构内外侧寿命预测值,见表8-8所示。

表8-8

九号工程耐久性寿命预测计算结果

侵蚀因素	第一阶段寿命(年)	第二阶段寿命(年)		结构寿命(年)
碳化侵蚀	65	弹性模型预测	12	77
		弹塑性模型预测	16	81
氯离子侵蚀	26	弹性模型预测	12	38
		弹塑性模型预测	16	42
硫酸盐侵蚀	—	67	—	67
最终预测寿命				38

结果表明在考虑碳化腐蚀情况下,九号工程从第65年开始,碳化深度超过钢筋保护层厚度,钢筋开始锈蚀。从锈蚀开始到锈胀开裂经历时间 T_p 为12年,所以第一次需要维修的时间为77年,即隧道衬砌结构寿命为77年。在考虑氯离子腐蚀情况下,九号工程从第26年开始,氯离子的累积浓度值达到限值,即0.05%,从锈蚀开始到锈胀开裂经历时间 T_p 为12年,即隧道衬砌结构寿命为38年。在考虑硫酸根腐蚀情况下,九号工程从第67年开始,混凝土结构抗折强度下降到初始强度的80%,即隧道衬砌结构寿命为67年。最终,结构耐久性寿命值取最不利的情况,氯离子腐蚀是广州九号工程隧道衬砌结构耐久性破坏的决定因素,耐久性寿命值为38年。

主要参考文献:

[1] Collepardi M., Marciali A. and Tueeriziani R. The kinetics of chloride ions penetration in concrete[R]. in I-talian, II Cemento, No. 4(1970)157-164.

[2] S. P. Shah, J. F. Young. Properties of high strength concrete for structural design. Ceram. Bulle, 1990, 69(8): 77-80.

[3] Mmolczyk and Molloy B. T. 1994. "Prediction of long term chloride concentrations in concrete." Materials and Structures, Vol. 27, 1994, pp. 338-346.

[4] Gonzalezt M., Luciano J., and Miller B., 1999. "Comparison of Chloride Diffusion Coefficient Tests for Con-crete", Proceedings of the 8th International Conference on Durability of Building Materials and Components, National Research Council Canada, Ottawa.

[5] Bazant Z. Petal. Physical Model for Steel corrosion in Concrete Sea Structures Theory[J].. Journal of Structur-al Division, 1977, 105(6):1137-1153.

[6] Dagher H. J., Kulendran S. Finite element modeling of corrosion damage in concrete structures[J], ACI struc-tural Journal, 1992, 89(6).

[7] Hausmannl V. Sirivivatnanon, 2004. Characteristic service life for concrete exposed to marine envionments,

Cement and Concrete Research (34) 745 - 752.

[8] Clear and Sherman M. 1998. "Corrosion evaluation of epoxycoated, metallic – clad, and solid metallic reinforcing bars in concrete." HWA – RD – 98 – 153, Federal Highways Administration, Washington, D. C.

[9] Maage M. , Service Life Prediction of Existing Concrete Structures Exposed to Marine Environment [J], ACI Materials Journal, 1996, 93(6):893 – 901.

[10] Thomas M. , Chloride Thresholds in Marine Concrete [J], Cement and Concrete Research, 1996, 26(4): 832 – 891.

[11] Alonso C. , And Rade C. , Castellote M. , Depassivate Reinforcing Bars Embedded in a Concrete Research, 2000, 30(4): 1872 – 1951.

[12] Morris W. , Vázquez M. A migrating corrosion inhibitor evaluated in concrete containing various contents of admixed chlorides. Cement and Concrete Research, v 32, n 2, p 259 – 267, February 2002.

[13] Morinaga F. J. Cover cracking as a function of bar corrosion: Part II – Numerical model [J]. Materials and Structures. 1993, 26: 932 – 548.

[14] M. Funahashi, Predicting corrosion free service life of a concrete structure in a chloride environment [J]. ACI Material Journal, 87 (1990) 581 – 587.

[15] 洪乃丰. 氯盐环境中混凝土耐久性与全寿命经济分析[J]. 混凝土, 2005, Vol8(11):30 – 34.

[16] 牛狄涛. 混凝土结构耐久性与寿命预测[M]. 北京:科学出版社, 2003.

[17] G. Somerville. The design life of structures[M]. Blackie and Son Ltd, 1992.

[18] K. Tuutti, Effect of cement type and different additions on service life, in: R. K. Dhir, M. R. Jones (Eds.), Concrete 2000, vol. 2, E& FN Spon, London UK, 1993, pp. 1285 – 1296.

[19] Henrisen. Concrete durability fifty year's progress[A]. Proceeding of 2nd International Conference on Concrete Durability [C]. ACI SP126 – 1, 1991. 1 – 33.

[20] 朱剑泉, 李惠强, 帅小根. 基于整体论的钢筋混凝土耐久性评估研究[J]. 华中科技大学学报(城市科学版), 2005(S):16 – 20.

[21] 李田, 刘西拉. 混凝土结构的耐久性设计[J]. 土木工程学报, 1994(4), V27(2)47 – 51.

[22] 宋玉普, 王清湘编著. 钢筋混凝土结构[M]. 北京:机械工业出版社, 2004.

第9章 城市地下结构全周期寿命经济评估

9.1 引 言

可持续发展成为当今世界各国所面临的重大课题,对混凝土结构采用周期寿命经济评价,全面掌控各个阶段的投资费用,有利于合理利用和节省资源。美国率先提出了"全周期寿命成本分析"(LCCA),要求设计、工程承包和投资方都要以"全寿命"为出发点,为保证规定的工程使用年限,采取技术、经济合理的措施。目前,全世界已经有20多个国家或地区采用了 LCCA 全周期寿命成本分析方法,包括我国的台湾地区。2000 年,我国发布了《建设工程质量管理条例》,以政令形式规定了"设计文件应符合国家规定的设计深度要求,建设工程实行质量保修制度,最低保修期限为设计文件规定的该工程的合理使用年限"。这仅对工程结构的耐久性做了硬性规定,与全周期寿命成本分析分析相比,缺乏细节和可操作性。

"全周期寿命成本分析"与我国提出的"全寿命责任制"具有较大的不同。LCCA 全寿命评估方法表现为分阶段评估经济损失,针对不同的使用寿命、不同维修阶段提出比较合理的可以执行的资金计划。"全寿命责任制"则显得生硬,主要考虑初建成本和使用运营过程中少量的维护费,很少考虑工程建成后因耐久性不足所带来的经济损失。这种做法在技术、经济上都不合理,对未来的预估和评价工作简化和生硬化,缺少更加详细的建设资金预算,最终导致有硬性的要求,但是执行困难的局面。

因此,有必要在城市地下结构中采取全周期结构寿命评估方法,对建设期间和养护期间各种耐久性技术措施进行合理评估,科学、经济地建设、维护城市地下结构。

9.2 经济评价理论

9.2.1 成本组成

投资项目的财务评价计算期一般不超过 20 年,但是城市地下结构使用寿命较长,一般在 100 年以上。使用寿命期间除了正常维护外,一般还要进行若干次耐久性破坏的修复,以保持原有的使用功能。

在城市地下结构的建设、营运、维护过程中,资金的投入必须按照结构不同寿命阶段合理化。与地下结构耐久性寿命相互对应,周期寿命成本也是分阶段组成的,在整个寿命期内的费用包括建设项目规划、设计与建造的初始建造费用、运营期间的日常检测维护费用、维修费用以及因维修造成的损失、结构失效造成的损失,见图 9-1 所示。

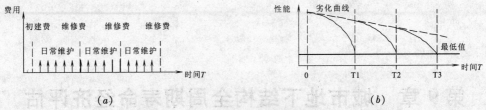

图 9-1 城市地下结构全周期寿命成本[1]

全周期寿命包括决策阶段、设计阶段、实施阶段、运营维护阶段和项目废除阶段。图 9-1(a)给出了城市地下结构建设项目全寿命期内的费用现金流量示意,主要包括项目的初始造价、日常维护费用(包括检测费用)、修复费用和残值。图 9-1(b)给出了地下结构的性能劣化示意,每次修复后结构的性能提高,使用寿命得以延长。应用在城市地下结构工程中,整个寿命期内的总费用构成为[1]:

$$LCC(T) = C_C + C_{IN}(T) + C_M(T) + C_R(T) + C_F(T) \qquad (9-1)$$

式中 C_c——城市地下结构设计与建造的直接费用;

$C_{IN}(T)$——寿命期内的检测费用;

$C_M(T)$——寿命期内的日常维护费用;

$C_R(T)$——寿命期内弥补耐久性的维修费用;

$C_F(T)$——地下结构失效造成的损失。

9.2.2 成本计算

结构周期寿命成本分析从设计、管理、建设和运营的各个环节来寻求措施来满足结构全寿命周期的总投资最小,它是城市地下结构耐久性经济分析的主要内容。在结构安全可靠约束条件下,使城市地下结构全寿命的效益期望值最大,使全寿命的总费用期望值最小,即目标函数为:

$$\min\{E[LCC(T)]\} \qquad (9-2)$$

LCCA 法考虑如下两部分投资费用:第一部分指建设时的设计、施工费用;第二部分包括所有的维修费用。在实际的工程经济分析中,LCCA 法投资分析计算公式为:

$$P_w = c\left(\frac{1+i}{1+r}\right)^t \qquad (9-3)$$

式中 P_w——工程现值;

c——使用时间 t 对应的投资;

i——通货膨胀率;

r——工程折现率;

t——工程使用寿命。

对于混凝土结构耐久性周期寿命经济分析,已经有实用工具可用,其中 Life-365 计算程序是由美国 ACI 的 Silica Fume Asociation 编写的基于氯离子侵蚀的结果寿命预测程序,计算程序依据式(9-3)及 Fick 第二定律氯离子扩散式(9-4)进行全寿命周期经济评价。

$$c = c_0 + (c_s - c_0)\left(1 - erf\frac{x}{2\sqrt{D_0\left(\dfrac{t_0}{t}\right)^m \cdot t}}\right) \tag{9-4}$$

在城市地下结构耐久性设计中,提出的诸多提高耐久性的措施,需要在全周期寿命中的进行成本对比,从经济角度确定最合理的耐久性措施。

9.3 经济评价算例

9.3.1 结构耐久性措施

耐久性破坏因素主要有:钢筋锈蚀作用、碳化作用、冻融循环作用、碱-骨料反应、溶蚀作用、盐类侵蚀作用及酸碱腐蚀等。结合城市地下结构特点,结构耐久性保证措施有:提高混凝土保护层厚度,采用高性能混凝土、混凝土构件封闭,改善钢筋材料及钢筋涂层,掺入阻锈剂,采取阴极保护与防止碱骨料反应等。

有资料表明[2,3]目前全世界大约有1000万 m^2 建筑使用了阴极保护防腐系统,典型的建筑物有悉尼歌剧院和悉尼水族馆。许多大桥也使用该技术,比如 Lieutenuant 大桥、Smart highway 大桥、杭州湾大桥、胶州湾大桥和意大利 Autostrada Torino-Frejust 高速公路桥梁等。阴极保护是通过向混凝土中的钢筋表面通入足够的阴极电流,从而使阴极极化防止钢筋锈蚀的一种电化学保护措施,阴极保护分为外加电流和牺牲阳极两种方式。外加电流阴极保护方式通过引入一个外加直流电源到内置钢筋表面,形成控制电化学腐蚀的方式。牺牲阳极方式是采用电化学比钢材更加活泼的金属作为阳极,与被保护钢筋连接,以活泼金属本身的腐蚀实现对阴极钢筋的保护。牺牲阳极方法多用于已有的建筑物耐久性保障措施,对于新建结构一般采用外加电流方式。例如某地铁车站的阴极保护系统,见图9-2。

碱骨料反应是混凝土原材料中的水泥混合物中的碱与骨料中的活性成分在混凝土浇筑后的相当长时间内见逐渐反应,反应生成物吸水膨胀使混凝土膨胀开裂的现象。目前主要有如下方式防止碱骨料反应的发生,第一控制水泥含碱量,现在国内外大多数国家采用碱含量小于0.6%的水泥;控制混凝土中的各种材料总碱含量,英国提出的混凝土总碱含量小于3kg/m^3的标准已经被大多数国家采用;对骨料进行选择,采用试验方法对混凝土骨料的活性进行检测,尽量使用非活性骨料;采用适当的碱骨料反应抑制剂。

9.3.2 算例应用

设计算例中地下结构侵蚀环境主要考虑氯离子侵蚀,算例中材料单价均为假定单价,非真实单价。混凝土表面氯离子浓度曲线见图9-3(a)所示,结构所处环境温度月均值变化图9-3(b)所示。为了提高混凝土结构耐久性,假设设计之初考虑7种耐久性措施,技术措施组合方案见表9-1所示。其中在普通混凝土方案设计中,为了说明混凝土保护层厚度影响,特设计了保护层厚度为20mm、30mm、40mm、50mm和75mm共5种情况。为了对比常用耐久性措施的经济优势,在单独考虑城市隧道结构外侧氯离子侵蚀情况下,采用全周期寿命成本分析方法进行计算。Fick 第二定律氯离子扩散公式(9-4)参数取值见表9-2。

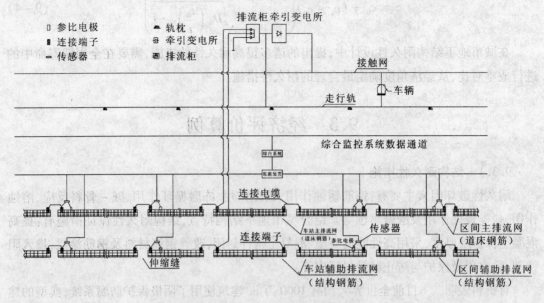

图9-2 某地铁车站阴极保护系统

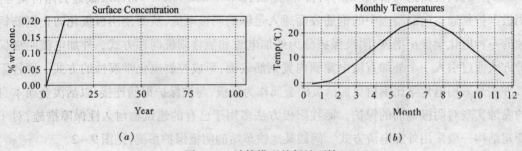

图9-3 计算模型的侵蚀环境

(a)混凝土表面浓度;(b)年度温度变化

耐久性措施及方案组合 表9-1

方案编号	分别考虑的因素				
I(1~5)考虑保护层厚度影响	20mm(I1)	30mm(I2)	40mm(I3)	50mm(I4)	75mm(I5)
II	普通混凝土				
III	掺入硅灰(5%)				
IV	掺入硅灰(5%)	混凝土表面涂层			
V	环氧涂层钢筋				
VI	掺入硅灰(5%)	钢筋阻锈剂			
VII	混凝土表面涂层	环氧涂层钢筋			

					计算模型参数		表 9 – 2

通货膨胀率(%)	年折旧率(%)	结构使用年限(a)	开裂扩展年限(a)	表面 Cl⁻浓度 C_s(%)	Cl⁻浓度限值 C_t(%)	扩散系数 D_{28}(m²·s⁻)	扩散系数衰减常数 m
1.6	3	100	10	0.21	0.05	$5.8e^{-12}$	0.5

9.3.3 评价结果分析

首先进行了混凝土保护层厚度变化对结构寿命及全周期寿命投资总量影响的计算,算例中材料单价均为假定单价,非真实单价。混凝土保护层厚度影响计算结果,如图 9 – 4 所示。

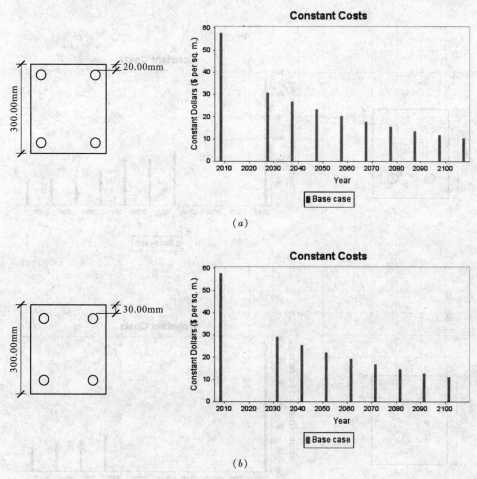

图 9 – 4 保护层厚度影响计算结果(一)

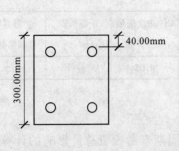

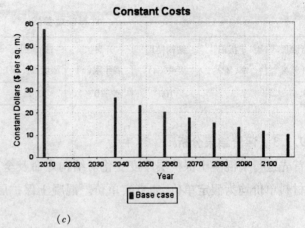

(c)

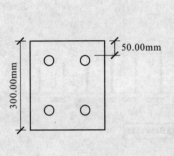

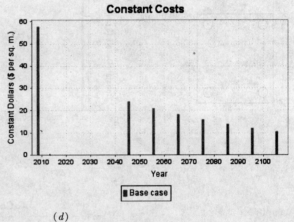

(d)

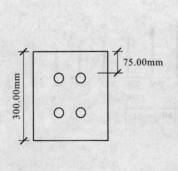

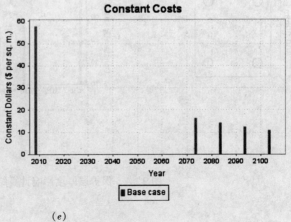

(e)

图9-4 保护层厚度影响计算结果(二)

(a)depth=20mm;(b)depth=30mm;(c)depth=40mm;(d) depth=50mm;(e) depth=75mm

图 9 - 4 显示,保护层厚度不同,首次维修时间和寿命周期内维修次数不同。如在其他条件相同下,保护层厚度为 20mm 时,周期寿命内需要 9 次维修,其中第 1 次需要维修的时间为 19 年。钢筋保护层厚度为 75mm 时,周期寿命内只需要 4 次维修,其中第 1 次需要维修的时间为 65 年。可见增加保护层厚度,具有比较明显的效果。

在相同保护层厚度的情况下,采用比较常用的耐久性保护措施,即普通混凝土、掺入硅灰、混凝土表面涂层、环氧涂层钢筋、钢筋阻锈剂等耐久性措施,这些保护措施对地下结构耐久性寿命及全周期寿命内总投资影响计算结果见图 9 - 5 及表 9 - 3 所示。计算结果均为假设的相对造价。计算结果显示,不同的耐久性技术方案对结构全周期寿命内的总造价影响很大。

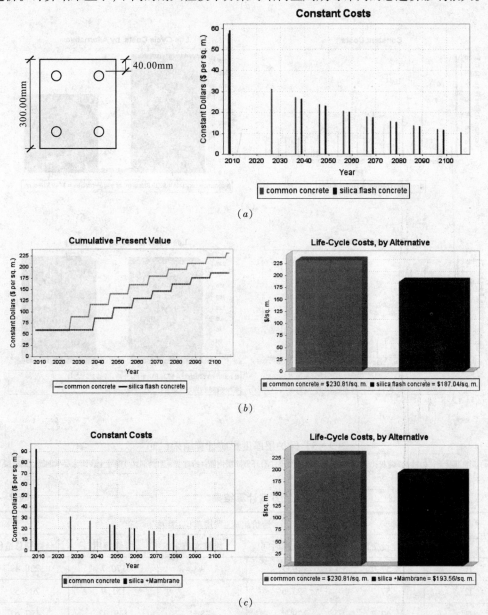

图 9 - 5 保护层厚度影响计算结果(一)

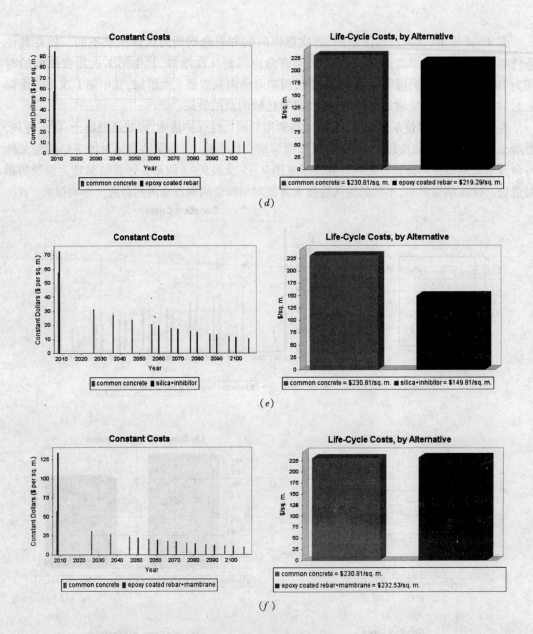

图 9-5 保护层厚度影响计算结果(二)

(a)普通混凝土;(b)掺5%硅灰;(c)掺5%硅灰+表面涂层;(d)环氧涂层钢筋;(e)硅灰+阻锈剂;(f)混凝土表面涂层+钢筋表面涂层

方案计算结果

表 9-3

方案编号	造价组成(费用单位:美元/m²)				
	建设费用	开始维修时间	维修次数	维修费用	全周期总造价
I1	57.7	19.7	9	170.7	228.49
I2	57.7	23.6	8	151.9	209.59
I3	57.7	29.4	8	139.92	197.62
I4	57.7	37.4	7	116.16	173.86

方案编号	造价组成(费用单位:美元/m²)				
	建设费用	开始维修时间	维修次数	维修费用	全周期总造价
I5	57.7	65.2	4	54.16	111.86
II	57.70	18.9	9	173.12	230.81
III	59.20	30.0	7	127.84	187.04
IV	92.25	40.5	6	101.31	193.56
V	94.90	32.9	7	123.39	219.29
VI	72.70	51.2	5	77.11	149.81
VII	133.95	42.9	6	98.58	232.53

　　其中混凝土保护层厚度对周期寿命内的造价影响曲线见图9-6所示。钢筋保护层厚度的变化直接影响了混凝土结构的使用寿命,钢筋保护层厚度增加,使用寿命延长,维修次数减少,工程总造价降低。当保护层厚度为20mm时,相同条件下的单位面积工程总造价为228.49美元,当保护层厚度为50mm时,相同条件下的单位面积工程总造价为173.86美元,当保护层厚度增加到75mm时,相同条件下的单位面积工程总造价为111.86美元。分析结果说明,在城市地下结构工程中,适当增加保护层厚度是最有效、最简单的提高结构耐久性的做法。同时也指出,保护层厚度的增加不是无止境的,超过一定厚度后往往因为混凝土的干缩开裂,更是加快了结构的破坏。

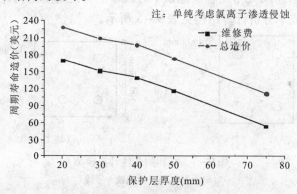

图9-6　保护层厚度与工程总造价关系

　　不同的耐久性保障措施计算分析表明,未采取任何防护措施普通钢筋混凝土结构,虽然初建费稍低,单立方混凝土结构初建费为57.70美元,但约19年后便开始第一次修复工程,100年内要修复9次,单立方积修复费约为173.12美元,是初建费的3倍,最终单立方总造价为230.81美元。采用加钢筋阻锈剂同时掺硅灰的保护措施的混凝土结构,51年内不用修复,单位面积初建费为72.70美元,设计周期内只需要进行5次维修,单立方混凝土结构维修费用为77.11美元,100年的单位面积总费用为149.81美元,比未采取防护措施者至少节约35%。表9-3显示,其他耐久性综合方法LCCA经济效果介于两者之间,在相同条件下掺入硅灰(5%)方案的单位面积总造价为187.04美元,掺入硅灰(5%)+混凝土表面涂层方案的单立方混凝土结构总造价为 193.56 美元,环氧涂层钢筋方案的单位面积总造价为 219.29 美元,混凝土表面涂层 + 环氧涂层钢筋方案的单立方混凝土结构总造价为 232.53 美元。

从混凝土结构全周期寿命分析的技术经济综合效益看来,掺入硅灰 + 钢筋阻锈剂是最好,可作为城市地下结构耐久性防护措施。

9.4　实例分析

结合研究工程背景,对于广州地区典型的地下结构,即九号工程及地铁 1 号线。在考虑在氯离子侵蚀条件下,广州九号工程和地铁 1 号线芳村－黄沙区间隧道单立方混凝土结构在受用寿命内的总投资情况进行全周期寿命经济评价。依据前文的工程调查及室内模拟实验基础数据,确定了投资分析计算公式 (9－3) 和 Fick 第二定律氯离子扩散公式 (9－4) 参数值,见表 9－4。

计算模型参数　　　　　　　　　　　　　　　　表 9－4

工程名称	通货膨胀率(%)	年折旧率(%)	结构使用年限(a)	开裂扩展年限(a)	表面 Cl^- 浓度 C_s(%)	Cl^- 浓度限值 C_t(%)	扩散系数 D_{28} ($m^2 \cdot s^-$)	扩散系数衰减常数 m
九号工程	1.6	3	100	12	0.21	0.05	$8e^{-12}$	0.5
地铁 1 号线	1.6	3	100	15	0.20	0.05	$6e^{-12}$	0.5

在 life365 计算程序中,九号工程及地铁 1 号线单立方混凝土结构计算模型见图 9－7 所示,全周期寿命投资成本分析计算结构见表 9－5 所示。

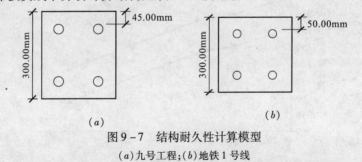

图 9－7　结构耐久性计算模型
(a)九号工程;(b)地铁 1 号线

全周期寿命经济评估计算结果　　　　　　　　　　表 9－5

工程编号	造价组成/(费用单位:元/m³)				
	建设费用	开始维修时间	维修次数	维修费用	全周期总造价
九号工程	2175	15	12	20825	23000
地铁一号线	3050	25	6	12200	15250

计算结果表明九号工程采取的混凝土配比和耐久性措施虽然初建费稍低,单立方混凝土结构初建费为 2175 元,但约 15 年后便开始第一次修复工程,100 年内要修复 12 次,单立方总修复费约为 20825 元,是初建费的 10.5 倍,最终单立方总造价为 23000 元。计算结果表

明地铁一号线芳村 - 黄沙区间隧道工程采取的混凝土配比和耐久性措施初建费单立方混凝土结构初建费为3050元,约25年后便开始第一次重要的耐久性修复,100年内要6次重要的耐久性修复,单立方积修复费约为12200元,是初建费的5倍,最终单立方总造价为15250元。全周期寿命经济分析表明,有必要在城市地下结构中采取全周期结构寿命评估方法,科学、经济地建设、维护城市地下结构。

主要参考文献:

[1]洪乃丰. 氯盐环境中混凝土耐久性与全寿命经济分析[J]. 混凝土,2005,Vol8(11):30 - 34.

[2]M. Castellote, C. Andrade, C. Alonso,2002. Accelerated simultaneous determination of the chloride depassivation threshold and of the non - stationary diffusion coefficient values. Corrosion Science (44) 2409 - 2424.

[3]P. B. Bamforth, 1987. The relationship between permeability coefficients for concrete obtained using liquid and gas. Magazine of concrete research, (39)3 - 11.

附录 A　探地雷达检测方法

A.0.1　工作原理

地质雷达(Ground Penetrating Radar,简称 CPR)是采用无线电波检测地下介质分布和对不可见目标体或地下界面进行扫描,以确定其内部结构形态或位置的电磁技术,可探测城市地下结构的完整性。在均匀介质中,电磁波以一定速度传播,当遇到有电性差异的地层或目标体时,如断层、破碎带、溶洞和含水层等,电磁波便发生反射,返回到地面或探测点,被接收天线 R 接收并由主机记录,得到从发射经地下界面反射回接收天线的双程走时 t。当地下介质的波速已知时,可根据测到的精确 t 值,并结合对反射电磁波的频率和振幅等进行处理和分析,便可求得目标体的位置、深度和几何形态。工作基本原理见图 A – 1。衬砌内部疏松和脱空等异常体直接表现为波组同相轴追踪的平直或弯曲、不连续及雷达图像信号强度的变化等,易于识别(图 A – 2)。

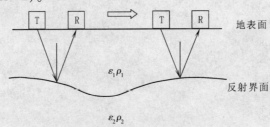

图 A – 1　地质雷达测试原理

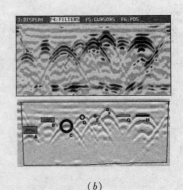

(a) 　　　　　　　　　　　　　　　(b)

图 A – 2　地质雷检测

(a)检测现场;(b)检测的波形

GPR 技术是使用电磁场来探测地下物体,电磁场是随时间变化的,它是由磁场 H 和电场 E 构成。对地下介质来说,电场是控制雷达探测的主要因素。电磁波的传播取决于物体的电性,物体的电性主要有电导率 μ 和介电常数 ε,前者主要影响电磁波的穿透(探测)深度,在电导率适中的情况下,后者决定电磁波在该物体中的传播速度。不同的地质体(物体)具有不同的电性,因此,在不同电性的地质体的分界面上,都会产生回波。地质雷达在地下结构检测中的基本参数描述如下:

1. 电磁脉冲波旅行时

$$t = \sqrt{4z^2 + x^2}/v \approx 2z/v \qquad (A-1)$$

式中 z——勘查目标体的埋深;

    x——发射、接收天线的距离(式中因 $z > x$,故 x 可忽略);

    v——电磁波在介质中的传播速度。

2. 电磁波在介质中的传播速度

$$v = c/\sqrt{\varepsilon_r \mu_r} \approx c/\sqrt{\varepsilon_r} \qquad (A-2)$$

式中 c——电磁波在真空中的传播速度(0.29979m/ns);

    ε_r——介质的相对介电常数;

    μ_r——介质的相对磁导率(一般 $\mu_r \approx 1$)。

3. 电磁波的反射系数

电磁波在介质传播过程中,当遇到相对介电常数明显变化的地质现象时,电磁波将产生反射及透射现象,其反射和透射能量的分配主要与异常变化界面的电磁波反射系数有关:

$$r = \frac{(\sqrt{\varepsilon_2 \mu_2} - \sqrt{\varepsilon_1 \mu_1})^2}{(\sqrt{\varepsilon_2 \mu_2} + \sqrt{\varepsilon_1 \mu_1})^2} \approx \frac{(\sqrt{\varepsilon_2} - \sqrt{\varepsilon_1})^2}{(\sqrt{\varepsilon_2} + \sqrt{\varepsilon_1})^2} \qquad (A-3)$$

式中 r——界面电磁波反射系数;

    ε_1——第一层介质的相对介电常数;

    ε_2——第二层介质的相对介电常数。

4) 地质雷达记录时间和勘查深度的关系

$$z = \frac{1}{2}vt = \frac{1}{2} \cdot \frac{c}{\sqrt{\varepsilon_r}} \cdot t \qquad (A-4)$$

式中 z——勘查目标体的深度;

    t——雷达记录时间。

较准确的检测衬砌内部疏松、不密实和脱空等病害,是基于病害体与衬砌层介电常数变化较大的事实,这是采用地质雷达对其质量进行检测的方法技术前提。由于不同频率天线的测深能力不同,频率越低,探测深度越大,一般情况下,隧道衬砌质量检测的有效深度应在1m 左右,表 A-1 列举了常用频率的穿透能力。

不同发射频率的天线的参考穿透深度   表 A-1

序　号	天线频率(MHz)	土壤介质(m)	岩石介质(m)
1	25	25	50
2	50	20	40
3	100	12	25

序　号	天线频率(MHz)	土壤介质(m)	岩石介质(m)
4	200	8	15
5	250	5	10
6	500	3.5	5
7	800	2.0	3.5
8	1000	1.5	3.0

注:以上是在理想条件下的参考深度。

A.0.2　电磁波传播理论

高频电磁波在介质中的传播服从麦克斯韦方程组,麦克斯韦方程描述了电磁场的运动学规律和动力学规律。

$$\nabla \times E = -\frac{\partial B}{\partial t}$$
$$\nabla \times H = j + \frac{\partial D}{\partial t}$$
$$\nabla \times B = 0 \qquad\qquad (A-5)$$
$$\nabla \times D = \rho$$

式中　ρ ——电荷密度(c/m^3);

j ——电流密度(A/m^2);

E ——电场强度(V/m);

D ——电位移(C/m^2);

B ——磁感应强度(T);

H ——磁场强度(A/m)。

其中 E、B、D、H 四个矢量为场量,是需要求解的物理量,j 为矢量,ρ 为标量,这两个为方程组的源量,在解决问题中是给定的边界条件。

A.0.3　介电常数

在计算电磁波在地下介质中的传播速度时只需要考虑介电常数的这个因素,可得电磁波传播速度。

$$V \approx \frac{C}{\sqrt{\varepsilon_r}} \qquad\qquad (A-6)$$

式中　c ——电磁波在真空中传播速度,$c=0.30m/ns$(光速);

ε_r ——介质的相对介电常数。

介质的介电常数差异较大,主要与其岩性及其内部附有的电导体有关,混凝土的介电常数则与其骨料及外加剂有关。部分常见介质介电常数见表 A－2。

常用物质的介电常数参考值　　　　　　　　　　　　表 A－2

介　　质	电导率 $S(m)$	相对介电常数	速度（m/μs）
空气	0	1	300
干沥青	0.01～0.1	2～4	212～150
湿沥青	0.001～0.1	6～12	122～86
干黏土	0.1～1	2～6	212～122
湿黏土	0.1～1	5～40	134～47
干煤	0.001～0.01	3.5	160
湿煤	0.001～0.1	8	106
干混凝土	0.001～0.01	4～40	150～47
湿混凝土	0.01～0.1	10～20	95～67
淡水	10^{-6}～0.01	81	33
淡水冰	10^{-4}～10^{-3}	4	150
干花岗岩	10^{-8}～10^{-6}	5	134
湿花岗岩	0.001～0.01	7	113
干灰岩	10^{-8}～10^{-6}	7	113
湿灰岩	0.01～0.1	8	106
永久冻土	10^{-5}～0.01	4～8	150～106
干结晶盐	10^{-4}～0.01	4～7	150～113
干沙	10^{-7}～0.001	2～6	212～122
湿沙	0.001～0.01	10～30	95～54
干砂岩	10^{-6}～10^{-5}	2～5	212～134
湿砂岩	10^{-4}～0.01	5～10	134～95
海水	100	81	33
海水冰	0.01～0.1	4～8	150～106
干页岩	0.001～0.01	4～9	150～100
饱和页岩	0.001～0.1	9～16	100～75
硬雪	10^{-6}～10^{-5}	6～12	122～86
黏性干土	0.01～0.1	4～10	150～95
黏性湿土	0.001～1	10～30	95～54
干壤土	10^{-4}～10^{-3}	4～10	150～95
湿壤土	0.01～0.1	10～30	95～54
干沙土	10^{-4}～0.01	4～10	150～95
湿沙土	0.01～0.1	10～30	95～54

A.0.4 测线布置

在城市地下结构完整性检测中测线布置要均匀覆盖,主要以纵向测线布置方式为主,横向布置为辅。例如在隧道衬砌检测中以纵向布线为主,纵向布线的位置在隧道拱顶、左右拱腰、左右边墙和隧底各布一条,采用地质雷达法进行检测。每个隧道工作面测线布置见图A-3所示,共布设拱顶(测线D)、仰拱(测线F)、左边墙(测线L2)、左拱腰(测线L1)、右边墙(测线R2)、右拱腰(测线R1)等6条纵向测线。

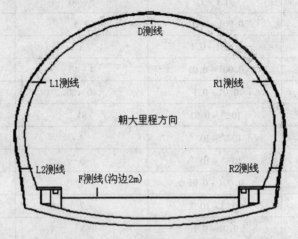

图A-3 隧道测线布置示意

结　语

在工程调查、理论分析及模拟侵蚀环境的室内试验基础上,以广州典型的地下空间结构为研究背景,针对城市地下空间结构耐久性环境侵蚀因素进行了地下混凝土结构耐久性及剩余寿命预测研究。成果可供地下结构耐久性设计、建设、检测、维护参考。

由于地下混凝土结构耐久性涉及到多个领域、多个交叉学科,问题复杂,尚且有许多问题有待进一步探讨,拟在今后的科研中继续开展相关研究。

(1)硫酸盐侵蚀的耐久性寿命预测方面,虽然侵蚀劣化机理方面做了许多工作,但是寿命预测模型方面成果不多,尤其是方便计算在硫酸盐侵蚀下的理论计算模型更少。

(2)氯离子临界浓度值方面,在单因素作用的氯离子临界浓度值尚且存在很多争论,多因素共同作用下如何界定钢筋初锈时间是一个比较难的问题。

(3)缺乏大量的依托工程,地下结构混凝土耐久性研究需要大量的、营运时间长的工程背景作为依托,然而我国地下结构工程发展较晚,需要在今后的生产和研究中进一步关注,将研究成果不断进行实践和改进。

(4)今后的研究重点之一应放在城市地下结构耐久性产品研发方面,如研发新型的耐久性混凝土、耐久性涂层材料、耐久性钢筋及混凝土防腐技术措施。